电子工程制图

——基于Altium Designer 20电路设计

主　编　李双喜

副主编　姚　洁　闫改珍　徐亚玲

华中科技大学出版社
http://www.hustp.com
中国·武汉

内 容 提 要

本教材紧紧围绕电子电路原理图设计与 PCB 图设计两大部分内容,全书共分 8 章:第 1 章初识 Altium Designer 20,第 2 章电路原理图设计,第 3 章层次性原理图设计,第 4 章电路原理图设计管理,第 5 章 PCB 设计,第 6 章电路原理图符号库与 PCB 封装库设计,第 7 章 PCB 设计后期处理,第 8 章 PCB 信号完整性分析。

本书可作为应用型本科电子、电气类专业的电子工程制图、电子电路辅助设计课程的教材,也可作为职业院校电子类专业相关课程的理论教学和实训参考教材,还可作为相关爱好者的自学参考书。

图书在版编目(CIP)数据

电子工程制图:基于 Altium Designer 20 电路设计/李双喜主编.—武汉:华中科技大学出版社,2022.8
ISBN 978-7-5680-8384-3

Ⅰ.①电… Ⅱ.①李… Ⅲ.①电子技术-工程制图-计算机制图-应用软件-高等学校-教材 Ⅳ.①TN02-39

中国版本图书馆 CIP 数据核字(2022)第 104171 号

电子工程制图——基于 Altium Designer 20 电路设计   李双喜   主编
Dianzi Gongcheng Zhitu——Jiyu Altium Designer 20 Dianlu Sheji

策划编辑:江 畅
责任编辑:郭星星
封面设计:孢 子
责任监印:朱 玢

出版发行:华中科技大学出版社(中国·武汉)   电话:(027)81321913
         武汉市东湖新技术开发区华工科技园   邮编:430223

录   排:武汉创易图文工作室
印   刷:武汉开心印印刷有限公司
开   本:787mm×1092mm 1/16
印   张:17.5
字   数:437 千字
版   次:2022 年 8 月第 1 版第 1 次印刷
定   价:61.00 元

前言

电子设计自动化(electronic design automation,EDA)技术是现代电子工程设计领域基于计算机和信息技术的电路系统设计新技术。EDA 技术不断演进,有力地推动了电子设计技术发展乃至整个产业的进步。

EDA 技术是教育领域与产业界十分关注的技术热点,各类 EDA 工具层出不穷,功能越来越强大。基于 EDA 技术的电子工程制图与 PCB 设计技术是每个电子工程人员必备的基本知识,EDA 实践能力更是高等学校电子信息类专业毕业生的基本职业能力。

本书以 Altium Designer 20 功能为基础,全面讲述 Altium Designer 20 电路设计中各种方法与技巧,以使读者全面掌握 Altium Designer 20 的功能。全书共分 8 章,包括第 1 章初识 Altium Designer 20,第 2 章电路原理图设计,第 3 章层次性原理图设计,第 4 章电路原理图设计管理,第 5 章 PCB 设计,第 6 章电路原理图符号库与 PCB 封装库设计,第 7 章 PCB 设计后期处理,第 8 章 PCB 信号完整性分析。

全书内容丰富,层次结构完整,语言通俗易懂,逻辑严谨,书中案例以作者的实际工作工程为基础,夯实工程设计思想,切合实际,具有应用型教材的鲜明特色,本书得到安徽科技学院一流教材建设项目经费资助。

本书由安徽科技学院电子工程制图课程组李双喜老师、姚洁老师、闫改珍老师、徐亚玲老师共同编写。

本书是作者根据多年从事电子工程制图教学工作实际编写,由于作者水平有限,疏漏之处敬请各位读者批评指正。

编者

2022.2

目录

CONTENTS

第 **1** 章　初识 Altium Designer 20

1.1 Altium Designer 版本演进

◆ 1.1.1 常见的 PCB 设计软件

电子产品印制电路板 PCB(print circuit board)设计是众多电子设计工程技术人员、相关专业的学生和电子爱好者常常遇到的基本技术问题。要想快速、高效、准确、可靠地设计出结构紧凑、抗干扰能力强的 PCB,就需要专业的 PCB 设计工具的支持。

目前流行的主要 PCB 设计软件有以下四种(见图 1-1)。

(a)PADS

(b)Cadence Allegro

(c)Altium Designer

(d)立创 EDA

图 1-1　常见的 PCB 设计软件

(1)PADS 软件。

PADS 软件是一款直观、小巧却功能强大的 EDA 设计平台,是工程设计的基石,能帮我们自下而上快速、高效地拓展业务。该软件包括 PADS Standard Plus 版和 PADS Professional 版,PADS Standard Plus 提供了简单易用的完整桌面设计流程,便于需要提高生产率的 PCB 硬件工程师和 Layout 设计人员选用。

PADS 的功能和优势:

①易学易用;

②其 PCB 设计、分析和验证技术已经通过验证;

③能准确处理复杂严峻的设计问题;

④设计时间缩短;

⑤实现完整 3D 可视化显示、放置和间距检查;

⑥可与 MCAD 设计环境协同工作。

PADS 个人自动化设计解决方案提供了简单易用的环境,可帮助化解日常遇到的 PCB 设计挑战。利用 PADS 不仅可以更快、更好地完成工作,而且能节省成本。PADS Standard Plus 面向需要设计流程更为完善且包含高级工具集的独立工程师,其中配备了增强的 Layout 和集成式分析与验证,可全面满足快速创建高质量 PCB 的一切需求。简单易用的原理图与 Layout 转换器可以把当前工具集(不论是 Allegro、Altium Designer、CADSTAR、OrCAD、P-CAD,还是 Protel)中的库和原理图导入 PADS Standard Plus 中,使分散在各地的设计团队能够访问中心库元器件信息。借助 PADS 元器件管理,各数据库可以保持同步和更新,从而避免了代价高昂的重新设计和质量问题。

(2)Cadence Allegro 软件。

Cadence Allegro 是高速信号设计的工业标准,PCB Layout 功能非常强大,仿真功能也非常强大,自带仿真工具,可实现信号完整性仿真,电源完整性仿真,在制作高速线路板方面具有绝对的优势。根据统计数据显示,60% 的电脑主板和 40% 的手机主板都是采用 Cadence 设计,充分体现其市场占有率。

(3)立创 EDA/Easy EDA 软件。

深圳嘉立创自主开发的立创 EDA 在国内电子工程领域具有一定的影响力,立创 EDA 与立创 PCB 制造互为设计生态,在积极推进 PCB 设计工具国产化方面取得积极成效,在 PCB 设计人才培养方面起到积极的推动作用。立创 EDA 前身是 Easy EDA,其中立创 EDA 专注于国内,Easy EDA 专注于国外,立创 EDA 也是国内最领先的云端 PCB 设计工具之一,拥有强大的库文件、协同开发等功能。立创 EDA/Easy EDA 简单易学,目前这一高效的设计方式广深受国内电子工程师和学生的喜爱。

(4)Altium Designer 软件。

Altium Designer PCB 设计软件是我国高校电子信息类专业教学中广泛采用的一种计算机辅助设计工具,同时国内各 PCB 制造企业的生产设备完全兼容 Altium Designer PCB 设计文件,从设计到生产都为 Altium Designer 设计工具的应用提供了良好的生态环境。这正是 Altium Designer 无论在学界还是业界都有广泛应用的主要原因。Altium Designer PCB 软件技术资源丰富,软件供应商不断推出 PCB 设计新功能,版本持续更新,从最初的 DOS 版本到今天的 AD 最新版本,不断给设计工程师、学生和电子设计爱好者提供功能日益强大、用户使用环境不断优化的切身体验。

◆ **1.1.2 从 Protel DOS 到 Altium Designer 20**

随着计算机技术的不断进步和电子设计技术的高速发展,用户对电子产品的设计要求越来越高,电子产品的功能越来越复杂,芯片的复杂程度、集成度越来越快,信号传输速率也越来越快,电子产品设计对电路板的设计要求也越来越高。

20 世纪 80 年代中期(1987—1988 年),计算机技术的应用广泛进入各个领域,在这种背景下,美国 ACCEL Technology INC 推出第一个应用于电子线路设计的软件包 Tango,从此拉开了电子设计自动化(EDA)技术的序幕,给电子线路的设计技术带来了革命性的影响。这个 Tango 正是 90 年代流行的 Protel 的前身。

随后几年,由于 Tango 软件包难以适应电子设计技术的发展需求,Protel Technology 公司及时推出了 Tango 的升级版——Protel for DOS 版,提升了用户体验。

进入 20 世纪 90 年代,计算机技术中的 Windows 操作系统对个人电脑形成了革命性的影响。1991 年,Protel Technology 推出了 Protel for Windows 1.0 版,这是世界上第一个具有 PCB 设计能力的视窗操作工具。

20 世纪 90 年代的前几年,Protel 不断演进,先后推出 Protel for Windows 2.x、Protel for Windows 3.x(适应 Windows 95 开发,具备 16/32 位机兼容)。

1998 年,Protel Technology 推出 Protel 98,98 版强大的综合布线能力获得认可。

1999 年,Protel Technology 推出 Protel 99,99 版具备原理图的逻辑功能验证的混合信号分析能力,兼具 PCB 信号完整性分析的板级仿真,方便了从电路设计图到真实电路板的验证。

2000 年,Protel Technology 推出 Protel 99 SE,在 99 版的基础上提升了设计性能,充分增加了设计过程的控制参与度。

2001 年,Protel Technology 更名为 Altium 公司。

2002 年,Altium 公司推出了 Protel 99 SE 后的新产品 Protel DXP,DXP 集成了更多的设计工具,功能得到拓展。

2003 年,Altium 公司推出了 Protel 2004,该版本是 Protel DXP 的完善版本,性能更稳定。

2006 年,Altium 公司推出了 Protel 高端系列——Altium Designer 6,自 Altium Designer 6 版本后,以年份命名版本成为 Altium Designer 软件(简称 AD 软件)更新的常态。

2007 年,Altium 公司推出了 Altium Designer 8.0,将 ECAD 和 MCAD 两种文件格式合并,加入了对 OrCAD 和 PowerPCB 的支持能力。

2008 年,Altium 公司推出了 Altium Designer 9.0,提供了三维设计环境以避免出现错误和不准确的模型设计。

2009 年,Altium 公司推出了 Altium Designer Summer 09,即 Altium Designer v9.1。

2011 年,Altium 公司推出了 Altium Designer 10,具有里程碑意义。该版本推动了行业向前发展,同时推出了 Altium Vaults 和 Altium Live。

2012 年,Altium 公司推出了 Altium Designer 12,从根本上改变新特性和强化功能的交付方式,对新特性和新功能进行了 BUG 修复。

2013 年,Altium 公司推出了 Altium Designer 13,Altium Designer 设计平台向主要合

作伙伴开放使用,13 版给设计者、合作伙伴、系统集成商带来更多的机遇,代表电子行业的一次质的飞跃。

2014 年,Altium 公司推出了 Altium Designer 14,该版本支持电子设计者使用软硬电路,提供了电子产品的更小封装,节省了材料和生产成本,增加了耐用性。

2015 年 04 月 05 日,Altium 公司推出了 Altium Designer 15,在继承以前版本的基础上,支持柔性电路与刚性电路的融合设计,支持 4~32 层栈管理,Altium Designer 15 进一步提升了高速设计流程,通过最新的 xSignals W 向导,能够更加简单地创建长度匹配规则,为 T 型分支、元件、信号对和群组自动配置长度匹配规则。

2015 年 11 月 10 日,Altium 公司推出了 Altium Designer 16,为用户带来一种管理元器件的全新方法。

2016 年,Altium 公司推出了 Altium Designer 17,采用全新的 PCB 布线及增强技术,包括布线功能增强和设计效率增强。

2017 年,Altium 公司推出了 Altium Designer 18,这是一款完全一体化的电子系统开发的新版本,能够实现互联的多板装配、全新风格的时尚用户接口界面,带来无与伦比的工作流程的可视化。64 位体系结构和多线程任务实施、实时的 BOM 管理与简化的 PCB 文档使工作过程更流畅。

2018 年,Altium 公司推出了 Altium Designer 19,Altium Designer 19 最新版本不仅继续增加了新功能,也增强了软件核心技术性能,还解决了客户通过 Altium Live Community 的 BUG Crunch 系统提出的许多问题。除了具有一系列开发和完善现有技术的新功能之外,它还整合了整个软件的大量 BUG 修复和增强功能,以帮助设计人员持续创造尖端电子技术。

2019 年,Altium 公司推出了 Altium Designer 20,新的版本将进一步节省布线时间,此版本的高级功能使得任何类型,无论是简单还是复杂的电路板设计都变得更加有效率。

2020 年,Altium 公司推出了 Altium Designer 21,继续提升 Rigid-Flex 刚挠结合板的设计体验,改进了 Rigid-Flex 层叠结构管理器,增强了 Altium Designer 的设计变更跟踪管理,可在 Altium Designer 或任何 Web 浏览器内轻松地进行项目追溯并提供清晰的更改注释,对 SPICE 仿真、原理图库搜索等功能增强。

◆ 1.1.3 Altium Designer 20 性能优化

2019 年 12 月 3 日 Altium Designer 20 正式发布,相对于 AD 软件的先前版本,性能优化得到明显提升。

交互式布线的改进:新的"推挤"功能的改进可对复杂的高密度互连板进行走线,即使是简单的 PCB,相对过往,设计时间也可缩短 20% 以上。

新的针对高速 PCB 优化的布线功能:加入 DDR3/4/5、100 GBit 以太网、SerDes PCI e 4.0/5.0 的高密度高速板的设计支持。

多板组件设计:最新版本利用 Active BOM 功能,包括 BOM 搜索、BOM 规则检查和在线元件选择,还能导出 3D PDF 文档。

全新的高压设计功能:对于需要进行高压设计的应用场景,AD20 提供了新的爬电设计规则,有助于在整个 PCB 表面保持高压间隙,以消除电源和混合信号设计的电弧隐患。

◆ 1.1.4 Altium Designer 20 主要功能

Altium Designer 20 主要功能由三部分组成，分别是电路设计、电路仿真和 PLD 设计，如表 1-1 所示。

表 1-1 Altium Designer 20 主要功能

第一部分：电路设计	第二部分：电路仿真	第三部分：PLD 设计
→电路原理图设计模块，该模块主要包括设计原理图的原理图编辑器和原理图符号库编辑器； →PCB 设计模块，该模块主要包括 PCB 设计编辑器和 PCB 封装库设计编辑器； →PCB 自动布线系统 Advanced Route	→电路仿真模块，Advanced SIM 包括功能先进的 D/A 混合信号电路仿真器，能够提供连续的模拟信号和离散的数字信号仿真； →用于高级信号完整性分析的 Advanced Integrity，该模块是一个高级信号完整性仿真器，能完成 PCB 设计和参数校验，测试过冲、下冲、阻抗和信号斜率	→CPLD/FPGA 设计模块，Advanced PLD 具有进行 CPLD/FPGA 系统开发的文本编辑器，完成 CPLD/FPGA 设计的输入、编译和仿真以及仿真波形观察

1.2 Altium Designer 20 安装、解密与卸载

◆ 1.2.1 Altium Designer 20 安装包

Altium Designer v20.0.9 安装包由许可文件夹（Licenses）、动态链接库文件（shfolder.dll）、Altium Designer v20.0.9.164 安装文件夹组成，如图 1-2 所示。

名称	修改日期	类型	大小
Altium Designer v20.0.9.164	2021/1/31 16:03	文件夹	
Licenses	2021/1/28 10:14	文件夹	
shfolder.dll	2020/6/9 14:16	应用程序扩展	17 KB

图 1-2 Altium Designer v20.0.9 安装包

其中 Altium Designer v20.0.9.164 安装文件夹的组成部分如图 1-3 所示，Altium Designer 20 Setup 为 Altium Designer v20.0.9.164 安装应用程序。

名称	修改日期	类型	大小
Altium Cache	2019/11/27 7:00	文件夹	
Crack	2019/11/27 19:46	文件夹	
Extensions	2019/11/27 6:59	文件夹	
Metadata	2019/11/27 7:00	文件夹	
AltiumDesigner20Setup	2019/11/26 9:49	应用程序	24,269 KB
autorun	2019/11/27 6:59	安装信息	1 KB
eula	2019/11/27 6:58	好压 ZIP 压缩文件	1,849 KB
Extensions	2019/11/27 6:59	配置设置	2 KB

图 1-3 Altium Designer v20.0.9.164 安装文件夹

◆　**1.2.2　Altium Designer 20 安装**

　　Altium Designer v20.0.9 支持目前流行的 Windows 7、Windows 8、Windows 10 系统，以下以 Windows 10 系统安装过程为例介绍 Altium Designer v20.0.9 的安装方法。特别提醒，安装软件前请关闭杀毒软件，否则将报告错误，无法进行软件安装。

　　→准备 Altium Designer v20.0.9 安装包。

　　→打开 Altium Designer v20.0.9.164 安装文件夹。

　　→运行安装应用程序 Altium Designer 20 Setup，安装初始界面如图 1-4 所示，单击 Next 进入下一步。

图 1-4　Altium Designer v20.0.9 安装初始界面

　　如图 1-5 所示，默认语言选择"English"，选择"I accept the agreement"，单击 Next 进入下一步。

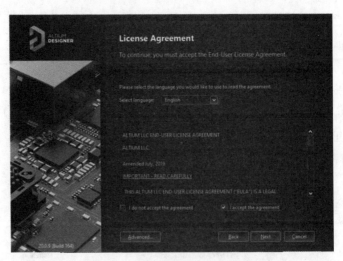

图 1-5　License Agreement 选择界面

　　如图 1-6 所示，进入安装项类型选择，选择需要安装的软件设计功能模块，共有 PCB Design、Platform Extensions、Parts Providers、Importers\Exporters、Touch Sensor Support

五个功能模块,进行 PCB 设计只需要选择第一项,默认全选安装,单击 Next 进入下一步。

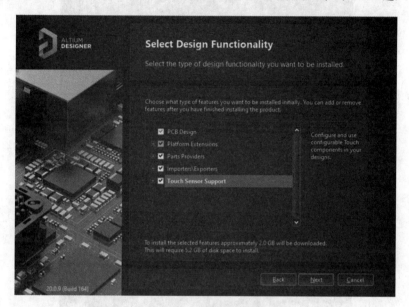

图 1-6 Select Design Functionality

此时进入安装文件路径选择,如图 1-7 所示,默认条件下在 C:\Program Files\Altium\AD20 建立程序文件,共享文档 Shared Documents 建立在 C:\Users\Public\Documents\Altium/AD20 下,用户也可自主设置安装路径,通常点击 Default 进入默认设置安装。完成后单击 Next 进入下一步。

图 1-7 Destination Folders

在上一步单击 Next 后进入 Customer Experience Improvement Program 界面,如图 1-8 所示,勾选"Yes,I want to participate"。单击 Next 进入 Ready To Install 界面进行安装确认,如图 1-9 所示。再单击 Next 即进入安装进程,如图 1-10 所示。安装完毕后单击 Finish (见图 1-11)。

图 1-8　Customer Experience Improvement Program 界面

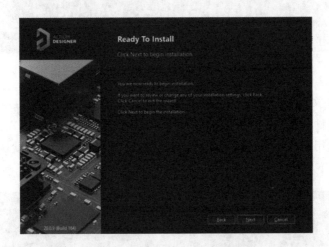

图 1-9　Ready To Install 界面

图 1-10　安装进程

安装完成后,将动态链接库文件 shfolder.dll 拷贝到安装文件 Program Files\Altium\AD20 下,替换原有的 shfolder.dll 文件,如图 1-12 所示。

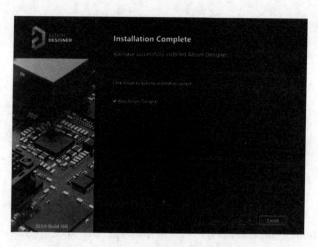

图 1-11　安装完毕

图 1-12　动态链接库文件 shfolder.all 拷贝

完成软件使用许可,如图 1-13 所示,通过 调出 License Management 管理界面,执行 Add standalone license file。如图 1-14 所示,选择 Licenses 文件夹中任一 .alf 文件可获得一段时间的软件使用许可。

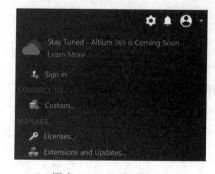

(a)调出 Licenses Management

(b)Add standalone license file

图 1-13　软件许可应用

图 1-14   **Altium Designer License File**

至此，AD20.0.9 已经安装成功。

依次选择 System→General，如图 1-15 所示，勾选 Use localized resources 和 Localized menus 后，再次启动将会切换为中文界面。

图 1-15   **System-General 对话框**

◆ **1.2.3   Altium Designer 20 卸载**

电子工程师在软件使用过程中，常常遇到需要卸载 Altium Designer 20 的问题。Altium Designer 20 的卸载方法有很多，可以利用操作系统管理功能实现，也可以借助第三方软件管理工具实现。

利用 Windows 10 的软件管理能力卸载的基本方法：单击 Windows 10 桌面的开始按钮，找到所安装的 Altium Designer，选中后右击调出功能菜单，如图 1-16 所示。

选择"卸载"，调出软件卸载界面，如图 1-17 所示。

图 1-16　右键功能菜单

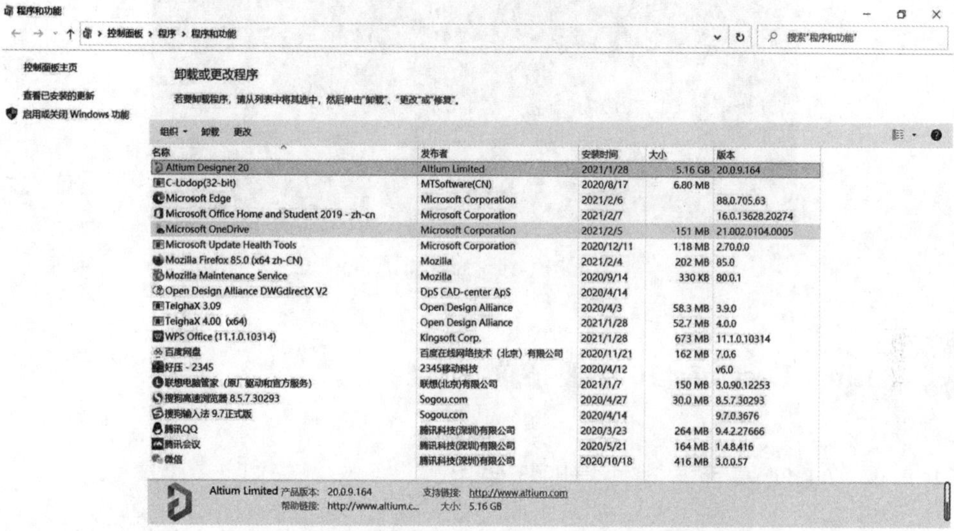

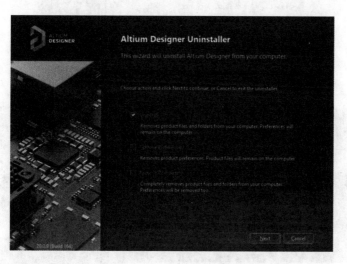

图 1-17　Windows 10 卸载和更改程序管理界面

选中 Altium Designer 20,选择"卸载",出现 Altium Designer 卸载管理界面,如图 1-18 所示。

图 1-18　Altium Designer Uninstaller 管理器

默认选择 Uninstall,但是软件卸载后,Preferences 仍然保留在电脑中,也可以选择 Remove Preferences 或彻底清除项 Remove Completely,单击 Next 开始卸载,单击 Finish 确认完成卸载,如图 1-19 所示。

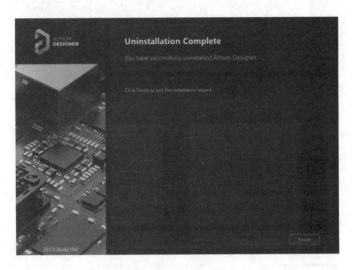

图 1-19　卸载确认

◆   1.3.1   AD20 桌面启动快捷图标使用

AD20 安装完毕后，将 Altium Designer 拖动到桌面，图 1-20 所示为桌面快捷启动图标，可快捷启动 AD20 开始工程设计，图 1-21 为 AD20 的启动界面。

图 1-20　AD20 桌面启动快捷图标

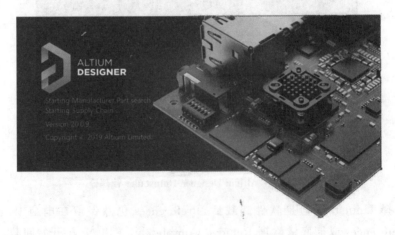

图 1-21　AD20 启动界面

◆ 1.3.2　AD20 工作界面

图 1-22(a)为 AD 初始界面,图 1-22(b)为打开的工程设计桌面。

（a）AD 初始界面

（b）工程设计（Project）桌面

图 1-22　AD20 启动初始界面

Altium Designer 20 的 Schematic 设计、PCB 设计、Schematic Library 设计、PCB Library 设计界面如图 1-23 所示,其基本构成包括菜单、项目导航、设计编辑器工作区、元件、属性、面板 panel,其主菜单类型和子菜单的内容将根据设计功能的改变而不同。

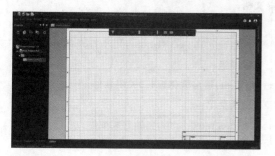

（a）Schematic 设计

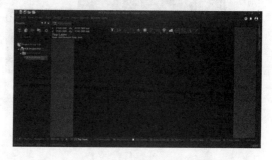

（b）PCB 设计

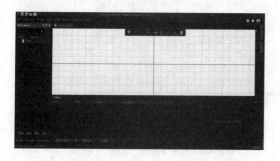

（c）Schematic Library 设计

（d）PCB Library 设计

图 1-23　Altium Designer 20（Schematic、PCB、Library）工作界面

◆ 1.3.3　AD20 初始界面菜单组成及功能

Altium Designer 20 工程初始窗口一级菜单主要有文件（File）、视图（View）、工程（Project）、窗口（Window）、帮助（Help）五项,实现对文件、显示、工程、窗口进行管理以及提供离线与在线帮助信息。

各二级菜单功能如表 1-2 所示。

表 1-2 AD20 一级与二级菜单功能

序号	菜单	说明
1		一级菜单：文件(File) 二级菜单： • New：新建一个文件（File、Project、Library 等）； • Open：打开 AD20 能够识别的各种设计文件； • Close：关闭设计文件或设计工程； • Open Project：打开各种设计工程； • Open Project Group：打开设计工程群组； • Open Home Page：打开主页； • Save Project Group As：另存为工程群组； • Import Wizard：导入文件向导； • Run Script：运行脚本文件或第三方插件； • Recent Documents：用于打开最近设计的文档； • Recent Projects：用于打开最近设计的工程； • Recent Project Groups：用于打开最近设计的工程群组； • Exit：退出软件运行，关闭软件。 三级菜单： • Integrated Library：新建集成库； • Schematic Library：新建电路原理图符号库； • PCB Library：新建 PCB 封装库； • Pad Via Library：新建焊盘过孔库； • Database Library：新建基础数据库； • SVN Database Library：新建 SVN 基础数据库； • Database Link File：新建数据库链接文件
2		一级菜单：视图(View) 二级菜单： • Toolbars：工具，用于控制工具栏的显示和隐藏； • Panels：面板，用于工作区面板的打开与关闭； • Status Bar：状态栏，用于控制工作窗口下的状态栏上的标签的显示与隐藏； • Command Status：命令栏，用于控制命令行的显示与隐藏

续表

序号	菜单	说明
3		一级菜单:工程(Project) 二级菜单: • Compile:编译设计工程或设计文件; • Show Differences:显示差异,用于显示已有设计文件与文件、工程与工程、文件与工程之间的比较; • Add Existing to Project:增加存在的文件到工程; • Remove from Project:从工程中移除文件; • Add Existing Project:增加存在的工程; • Project Documents:打开工程文档; • Version Control:版本控制,用于查看版本信息,可以将文件添加到 Version Control 数据库中,方便对数据库中的设计文件进行管理; • Project Packager:工程封装; • Project Options:工程选项
4		一级菜单:窗口(Window) 二级菜单: • Arrange All Windows Horizontally:水平排列窗口; • Arrange All Windows Vertically:垂直排列窗口; • Close All:关闭所有窗口
5		一级菜单:帮助(Help) 二级菜单: • New in Altium Designer:开始新的设计; • Exploring Altium Designer:导出设计; • Licensing:软件许可; • Shortcut Keys:快捷键; • User Forums:设计者论坛; • About:相关项

1.3.4 AD20 初始界面菜单属性设置

用户可以方便地对 Altium Designer 20 菜单栏属性进行设置,用户在菜单栏空白处双击将弹出如图 1-24 所示的 Customizing DefaultEditor Editor 对话框,通过该对话框可以实现对工具栏 Toolbars 和命令行 Commands 进行编辑、删除、新建和管理。

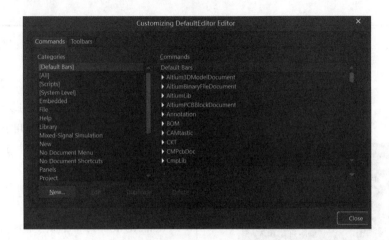

图 1-24　Customizing DefaultEditor Editor

◆ **1.3.5　AD20 工具栏与 Panel 面板**

AD 初始界面中的工具栏是系统默认用于设置工作环境的一系列按钮的组合,包括移动与关闭固定工具栏和灵活工具栏。

Altium Designer 20 初始工作窗口中的右上角的 ⚙ 🔔 👤 ▾ 3 个按钮是用户配置选项。

⚙ :Setup System Preference,用于设置 Altium Designer 工作状态。其设置对话框如图 1-25 所示。

图 1-25　Altium Designer 工作状态设置

🔔 :Notify Actions,用于显示在线访问 Altium Designer 系统通知,有访问通知时该图标将显示一个具体数字。

👤 ▾ :用户设置按钮,用于用户自定义界面。

Altium Designer 20 初始工作窗口中的右下角的 Panels 用户快捷键用于控制工作区的面板打开与关闭，其具体控制的工作区面板有 Components、Differences、Navigator、Messages、Output、Snippets、Storage Manager、Manufacturer Part Search、Explorer、Projects，如图 1-26 所示。

图 1-26　Panels 面板控制

各面板的界面如图 1-27 所示。

（a）Differences 面板　　　　　（b）Explorer 面板　　　　　（c）Snippets 面板

（d）Manufacturer Part　　　（e）Projects 面板　　　（f）Navigator 面板　　　（g）Components 面板
　　　Search 面板

图 1-27　Panel 面板对话框

（h）Messages 面板　　　　　　（i）Output 面板　　　　　（j）Storage Manager 面板

续图 1-27

　　Altium Designer 20 启动后工作区将默认自动激活 Project 面板、Navigator 面板等，工作区面板具有自动隐藏、浮动显示和锁定显示等模式。面板右上角的 ▼ ♇ ✕ 三个按钮可对应实现对面板的切换显示操作（▼）、面板显示方式切换（♇）和关闭（✕）。

第2章　电路原理图设计

电子系统的电路设计是指实现一个电子产品从产品市场调研、设计构思、电路原理设计、功能软件设计到物理结构设计、热设计、EMC 电磁兼容设计的全过程。Altium Designer 20 为电子系统的原理图设计到 PCB 设计、再到 CAM 文件输出提供了一体化的集成设计开发环境,极大地支持了电子设计工程师从电子系统原理设计到产品的实现。

Altium Designer 20 进行 PCB 设计的主要内容包括:

• 电路原理图设计:利用 Altium Designer 20 的原理图编辑器绘制电子产品的电路原理图(普通电路原理图和高级层次性电路原理图),Altium Designer 20 提供了强大的原理图绘图工具和编辑功能丰富的在线 Library 以及电气规则检测,电气规则检测用于检测设计的正确性、规范性和冲突。

• 电路信号仿真(模拟数字混合仿真):是电路原理图设计的扩展功能,为产品设计提供了一个完整的从设计到验证的仿真设计环境。

• 生成网络表和相关报表:网络表是电路原理图导入 PCB 的关键数据表和设计接口,一般从电路原理图中生成,也可以从 PCB 设计文件中提取,相关报表中的材料清单(BOM)则为电子产品设计环节的采购部门提供了快速获取材料清单支持。

• PCB 设计:Altium Designer 20 PCB 设计是工程设计最终目标,是对电路板进行外形规划、布线范围约束的过程。工程设计最终目标是完成元器件布局布线并输出 CAM 设计文件,提供给 PCB 制造商和生产装配使用。

• 信号完整性分析:Altium Designer 20 提供了一套高级信号完整性分析工具,能够全面分析 PCB 和检查设计参数,测试信号的过冲、下冲、阻抗和信号斜率,以便优化设计参数。

Altium Designer 20 电路原理图设计就是从电路原理图符号库中提取电子系统所需要的各种元件符号,放置在 Schematic 编辑器工作窗口,在完成属性编辑后,通过电气连线工具进行元器件间的电气连接,构建电子电路的连通性。

2.1　电路原理图设计文件创建

电路原理图设计是电子产品设计的基础性工作,是整个电子系统设计采用 EDA 工具进行开发的基础,决定着后续设计工作能否正确顺利展开。通常应用 Altium Designer 20 进行电路原理图设计的基本步骤如下:

第一步:建立工程设计文件夹。

第二步:新建 PCB 设计工程,并给设计 PCB 工程命名(.PrjPCB)。

第三步:新建电路原理图设计文件,并给设计文件命名(.Sch),保存。

第四步：设置图纸幅面大小、标题栏格式与版面格式规划。

第五步：加载元件库。

第六步：在图纸上放置元器件并按照要求(整齐、美观、大方)放置，对所放置的元器件进行合理布局。

第七步：按照电路工作原理进行电气连线(物理连接和逻辑连接)，确定元器件间的电气连接。

第八步：使用字符串或文本框工具对电路原理图进行适当注解加以说明。

第九步：输出 PDF 格式原理图设计文件，保存、打印设计文件。

◆ 2.1.1　在工程群中创建新的 PCB 设计工程

作为一个电子工程师，在进行工程设计时应养成良好的文档管理习惯，以保证设计文件的存档和利用的规范性，在新的设计工程开始之前应完成以下工作。

首先在电脑的桌面建立设计工程的文件夹(例如：文件夹名称命名为"第一张原理图设计")，用于存档设计工程文件。

启动 Altium Designer 20，选择 File→New→Project，创建新的 PCB 设计工程，如图 2-1 所示。

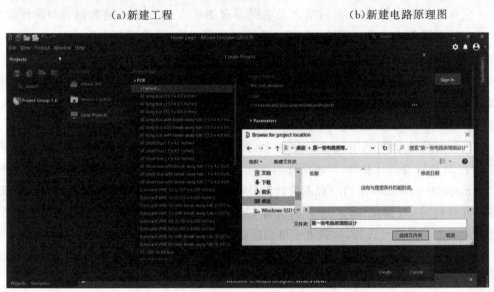

(a)新建工程　　　　　　　　　　　　　(b)新建电路原理图

(c)设计工程保存

图 2-1　设计工程命名与设计文件保存路径选择

将设计工程保存在桌面上"第一张电路原理图设计"文件夹中，PCB 工程采用默认(Default)格式，工程名这里命名为 the_first_designer。单击 Create 按钮创建设计工程，如图 2-2 所示。

则生成的工程结构图如图 2-3 所示。

图 2-2　创建设计工程

图 2-3　创建的 the_first_designer 设计工程

◆ **2.1.2　在 PCB 设计工程中创建电路原理图设计文件的方法**

　　工程创建好后就可以开始创建新的电路原理图设计文件,选择 File→New→Schematic,创建第一张图纸,此处单击保存按钮,在文件保存对话框中将第一张图纸命名为"单管分压式偏置共射放大器设计",保存在设计工程中,如图 2-4 所示。

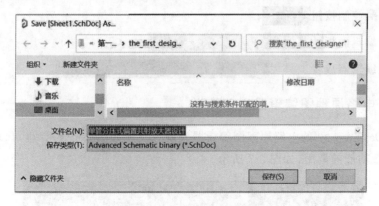

图 2-4　创建第一张设计图纸

2.2　原理图编辑器用户界面

◆ 2.2.1　原理图编辑器用户界面

电路原理图编辑器用户界面如图 2-5 所示。

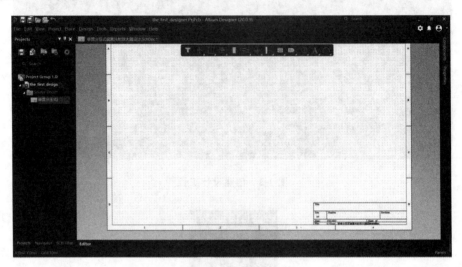

图 2-5　电路原理图编辑器用户界面

原理图编辑器界面的功能组成部分包括：

• 主菜单 File Edit View Project Place Design Tools Reports Window Help （文件、编辑、视图、工程、放置、设计、工具、报告、窗口、帮助）；

• 文件管理工具条 （保存、另存为、打开、打开数据库、撤销）；

• 默认面板 Projects ▼ ⊞ ✕ ，主要是 Projects 面板、Navigator 面板；

• 用户系统配置工具条 ；

• 默认显示元件 Components Properties ，主要是（Components）面板、属性（Properties）面板；

• 显示隐藏控制按钮 Panels ；

• 原理图编辑面板 单管分压式偏置共射放大器设计.SchDoc * ；

• 原理图编辑器放置工具栏 。

◆ 2.2.2　电路原理图编辑器主工具栏

Altium Designer 20 的电路原理图编辑器放置工具栏如图 2-6 所示，也可以通过主菜单 Place 完成放置功能的调用，如图 2-7 所示。

图 2-6　Altium Designer 20 电路原理图编辑器放置工具栏

图 2-7　Altium Designer 20 电路原理图编辑器主菜单 Place（中英文对照）

主工具栏的主要功能如表 2-1 所示。

表 2-1　主工具栏的主要功能一览表

序号	图标	释义	主要功能	序号	图标	释义	主要功能
1		选择过滤（selection filter）		4		放置信号线族（place signal harness）	
2		旋转与移动对象（drag object）		5		放置图纸符号（place sheet symbol）	
3		估计选择（select objects by lasso）		6		放置图纸端口（place port）	

序号	图标	释义	主要功能	序号	图标	释义	主要功能
7		排列对象（align objects）	Align... Align Left Align Right Align Horizontal Centers Distribute Horizontally Align Top Align Bottom Align Vertical Centers Distribute Vertically Align To Grid	11		放置参数设置（place parameter set）	Parameter Set Generic No ERC Differential Pair Blanket Compile Mask
8		放置器件（place part）	Components Miscellaneous Devices.IntLib Design Item ID　Description 2N3904　NPN General Purpos... 2N3906　PNP General Purpos... ADC-8　Generic 8-Bit A/D C... Antenna　Generic Antenna Battery　Multicell Battery Bell　Electrical Bell Bridge1　Full Wave Diode Brid... Bridge2　Diode Bridge Buzzer　Magnetic Transducer Cap　Capacitor Cap Feed　Feed-Through Capa... Cap Pol1　Polarized Capacitor ... Cap Pol2　Polarized Capacitor (... Cap Pol3　Polarized Capacitor (... Cap Semi　Capacitor (Semicond... Cap Var　Variable or Adjustabl... Cap2　Capacitor Circuit Breaker　Circuit Breaker D Schottky　Schottky Diode D Tunnel1　Tunnel Diode - RLC...	12	A	放置字符串（place text string）	Text String Text Frame Note
9		放置导线（place wire）	Wire Bus Bus Entry Net Label	13		放置圆弧（place arcs）	Arc Full Circle Elliptical Arc Ellipse Line Rectangle Round Rectangle Polygon Bezier Graphic...
10		放置接地与电源（GND power port）	Place GND power port Place VCC power port Place +12 power port Place +5 power port Place -5 power port Place Arrow style power port Place Wave style power port Place Bar style power port Place Circle style power port Place Signal Ground power port Place Earth power port				

◆ 2.2.3 原理图图纸设置

原理图图纸设置主要包括原理图图纸的方向、大小以及标题栏的规格设置,单击 Properties 面板直接打开属性对话框,若 Properties 面板隐藏了,可以通过 Panels 打开 Properties 面板进行属性设置,属性对话框如图 2-8 所示。

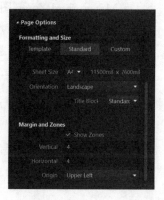

（a）Selection   （b）General   （c）Formatting and Size

图 2-8 properties 面板

在 Properties 面板中的 Selection Filter、General、Formatting and Size 下完成图纸格式设置。

- 对象过滤器(Selection Filter):对电路原理图中的 Components(元件)、Wires(连线)、Buses(总线)、Sheet Symbols(图纸符号)、Sheet Entries(图纸入口)、Net Labels(网络标号)、Parameters(参数)、Ports(端口)、Power Ports(电源端口)、Texts(文本)、Drawing objects (绘图对象)、Other(其他)等进行过滤,All-On 表示选中所有对象,也可以根据需要有选择地对对象进行过滤。

- Units:图纸尺寸单位选择,毫英寸(mil)、毫米(mm)两种可选。

- Visible Grid:图纸可视格栅长度设置,默认 100 mil。

- Snap Grid:图纸电气捕捉格栅长度设置,默认 10 mil,选定后,对象捕捉按照 10 mil 步进。

- Snap to Electrical Object:在图纸上绘制连线时,系统以鼠标指针所在位置为中心,以 Snap Distance 距离向四周搜索电气对象,如有则指针自动捕捉该对象,具有快速捕捉搜索对象能力。

- Snap Distance:捕捉距离默认 10 mil。

- Document Font:字体设置,用于设置文本的字体、字号。

- Sheet Board:图纸边框颜色,用户可以选择编辑设置,建议选用默认颜色。

- Sheet Color:图纸颜色,用户可以选择编辑设置,建议选用默认颜色。

- Formatting and Size:图纸模板选择,包括模板格式(Template)、标准格式(Standard) 和用户自主设置(Custom)三种方式。Template 模型图纸类型有英制尺寸 A-E,公制图纸尺寸 A0-A4、A0 _ portrait-A4 _ portrait、legal、letter、OrCAD _ A-OrCAD _ E、tabloid 格式; Standard 格式有 A-E、A0-A4、A0_portrait-A4_portrait、legal、letter、OrCAD_A-OrCAD_E、 tabloid;Custom 由用户设置图纸大小(width and height)。当图纸格式选定后,以后默认选

择类型进行下一次设计,通常可以选择 Template 模型图纸进行空白处理,下次设计就不会套用本次设置的模型。

- Sheet Size:图纸大小设置。
- Orientation:图纸方向设置。
- Title Block:图纸标题栏格式设置,一种是 Standard 格式,另一种是 Ansi 格式。
- Margin and Zone:图纸分区数(显示分区、垂直、水平分区数)设置。
- Origin:图纸坐标原点(0,0)设置,通常默认左下角为坐标原点(0,0)。

图 2-9 和图 2-10 是标题栏与图纸方向设置效果。

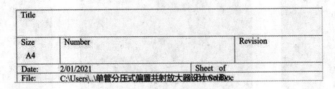

(a)Standard 格式

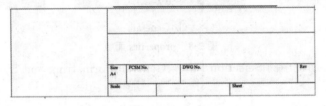

(b)Ansi 格式

图 2-9　图纸标题栏格式设置效果

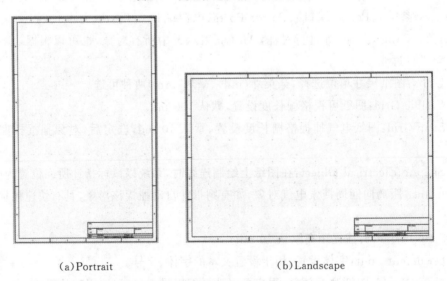

(a)Portrait　　　　　　　　　　　　　(b)Landscape

图 2-10　图纸方向设置效果

2.3　电路原理图编辑器工作环境设置

◆　**2.3.1　原理图常规参数设置**

电子工程师在设计电路原理图的时候,其工作效率往往与原理图编辑器的工作环境设置相关,高效地设置原理图编辑器的工作环境参数将有利于使用者充分发挥 Altium Designer 20 功能。

Altium Designer 20 原理图设计工作环境通过优选项面板 Preferences 进行设置,调用 Preferences 的路径是 Tools→Preferences,如图 2-11 所示,原理图编辑器工作环境共有 8 个选项,分别是:

- 常规选项(General);
- 图形编辑选项(Graphical Editing);
- 编译器选项(Compiler);
- 自动聚焦选项(AutoFocus);
- 库扩充选项(Library AutoZoom);
- 格栅设置选项(Grids);
- 打断连线选项(Break Wire);
- 默认单位(Defaults)。

图 2-11　原理图编辑器的工作环境参数

General 选项下,对话框中各选项(组)的释义如下:

(1)Units 选项:图纸尺寸单位,有英制 Mils、公制 Millimeters 两种。

(2)Options 选项组:

- Break Wires At Autojunctions:两条线的交叉点自动添加节点;
- Optimize Wire&Buses:在进行导线连接和总线连接时自动采用最优路径;
- Components Cut Wires:启动元件分隔导线功能,当元件放置在导线上将自定插入导线,对导线进行分隔处理;
- Convert Cross-Junctions:交叉导线自动产生节点;

• Enable In-Place Editing：原理图文本对象可以直接编辑、修改，无须打开对象属性对话框修改；

• Display Cross-Overs：非电气连接的交叉点以半圆弧显示，实现导线立交跨越状态；

• Pin Direction：单击元器件的引脚，会自动显示引脚编号与输入输出特性，当元器件的引脚属性隐藏时，方便分厂识别元器件的引脚序号；

• Sheet Entry Direction：层次性原理图设计中顶层原理图的图纸符号的端口属性自动显示；

• Port Direction：端口的属性根据用户设置显示；

• Unconnected Left To Right：层次性设计时，子图生成顶层原理图图纸符号左右可以不进行物理连接；

• Drag Orthogonal：选中拖动元器件其连线只能走直角，不选中可以任意角度走线；

• Drag Step：原理图编辑元器件拖动速度类型，有 Smallest、Small、Medium、Large 几种选项。

（3）Include with Clipboard 选项组：

• No-ERC Markers：在复制、剪切、粘贴、打印等操作过程中忽略电气规则检查符号；

• Parameter Sets：在复制、剪切、粘贴、打印等操作过程中包含元件属性参数；

• Notes：在复制、剪切、粘贴、打印等操作过程中包含注释信息。

（4）Alpha Numeric Suffix 选项组：

• Alpha：子部件的 Part 部分的后缀使用 U. A，U. B，U. C，…连续标注；

• Numeric，separated by a dot：子部件的 Part 部分的后缀使用 U. 1，U. 2，U. 3，…连续标注；

• Numeric，separated by a colon：子部件的 Part 部分的后缀使用 U：1，U：2，U：3，…连续标注。

（5）Pin Margin 选项组：

• Name：设置元器件引脚名称与元器件符号边缘的距离，默认 50mil；

• Number：设置元器件引脚序号与元器件符号边缘的距离，默认 80mil。

（6）Auto-Increment During Placement 选项组：

• Primary：在原理图上放置同一元件时，连续序号增量为 1；

• Secondary：创建原理图符号时引脚数量自动递增，增量为 1；

• Remove Leading Zeros：元器件标识号与引脚号去掉。

（7）Port Cross References 选项组：

• Sheet Style：用于设置图纸端口类型，包括 Name、Number 两种；

• Location Style：用于设置图纸端口位置。

（8）Default Blank Sheet Template or Size 选项组：

• Template：自动使用创建在 Template 下的模板；

• Sheet Size：显示模板图纸的尺寸。

◆ 2.3.2 原理图图形编辑参数设置

图形编辑环境参数设置通过 Graphical Editing 选项实现，如图 2-12 所示。

图 2-12　Graphical Editing 选项界面

（1）Options 选项组：

• Clipboard Reference：勾选后，当复制或剪切对象时系统将提示确定参考点，便于选择对象的粘贴；

• Add Template to Clipboard：勾选后，当复制或剪切对象时系统会将当前文档的模板一起复制到剪贴板中，所复制的原理图包含整个图纸；

• Center of Object：勾选后，当移动元器件时，鼠标指针将自动调到元件的参考点上的对象中心，若不选中鼠标指针将自动滑到对应的电气节点上；

• Object's Electrical Hot Spot：勾选后，当用户在移动或拖拽对象时，鼠标指针将自动滑到对应的最近电气节点上；

• Auto Zoom：勾选后，当插入元件时原理图可以实现自动缩放，调整出最佳视图；

• Signal'\'Negation：用于低电平有效（负逻辑）上端的横线设置控制，一般需要在每个字符的后面加反斜杠"\"实现，如 reset 低电平（r\e\s\e\t\），选中该复选框，将只需要在第一个字母前加反斜杠"\"即可；

• Confirm Selection Memory Clear：勾选后，当清除选定的存储器时提示删除对话确认框，一般建议勾选，以防止误删除；

• Mark Manual Parameters：用于设置是否显示参数自动定位被取消的标记点，勾选后会出现不能自动定位标记点并提示需要手动定位；

• Always Drag：勾选后，选中的图元与其连线一起拖动；

• Shift Click to Select：勾选后，只有在按 Shift 键的时候才能选中图元，这样操作会带来不便，建议不选；

• Click Clears Selection：勾选后，在编辑器的任意位置单击即可取消对象的选中状态，无须再执行 Schematic Standard 工具栏中的取消按钮；

- Place Sheet Entries Automatically：系统自动放置图纸入口控制；
- Protect Locked Objects：系统会对锁定图元进行保护，锁定对象能得到有效保护；
- Reset Parts Designators On Paste：将复制粘贴元器件的标号进行重置；
- Sheet Entries and Ports use Harness Color：将原理图中的图纸入口和电路按端口颜色设置为线束颜色；
- Net Color Override：激活网络颜色功能，可对网络颜色进行设置。

（2）Auto Pan Options 选项组：用于设置系统的自动遥镜功能，当鼠标指针在原理图上移动时，系统会自动移动原理图，以保证鼠标位置进入可视范围。

- Style：用于设置遥镜的模式，有 Auto Pan Off（关闭）、Auto Pan Fixed Jump（按固定步长自动移动）、Auto Pan Recenter（以鼠标指针最近位置作为显示中心），默认选用第二种模式；
- Speed：用于设置拖动速度；
- Step Size：用于设置原理图拖动的步长。

（3）Color Options 选项组：用于设置所选对象的颜色，单击 Selections 颜色显示框，系统将弹出颜色 Choose Color 对话框，用于设置选中对象的颜色，如图 2-13 所示。

（4）Cursor 选项组：用于光标类型的设置，在 Cursor Type 下有 Large Cursor 90、Small Cursor 90、Small Cursor 45、Tiny Cursor 45 几种类型，建议采用默认类型。

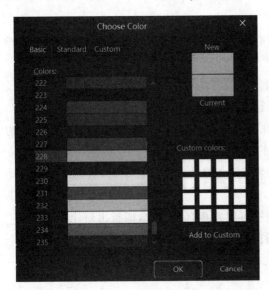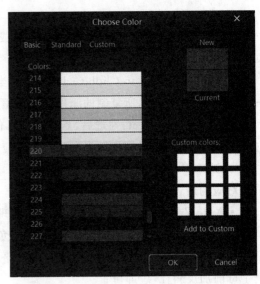

图 2-13　Color 设置

2.4　原理图设计编辑工具应用

◆　2.4.1　对象（元器件）的选取

对象的选取有两种操作方式，单个对象的选取只需要单击选取的对象就可以选中，当需要选取多个对象时，通过按下鼠标左键拖拉鼠标拉框框选对象，可实现多个对象的选取，如图 2-14 所示。

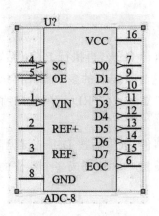

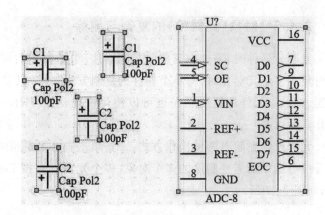

（a）单个对象选取　　　　　　　　　　　（b）多个对象选取

图 2-14　对象的选取

◆　**2.4.2　对象（元器件）的旋转与镜像**

将一个元器件拖放到图纸中，往往需要调整其放置方式是水平放置还是垂直放置。这种处理可以通过旋转功能加以实现，在器件选中状态下，单击 Space 键可实现器件单步 90°顺时针旋转，也可以根据实际元件的放置需要在 Properties 下设置 0°、90°、180°、270°实现旋转，如图 2-15 所示。

（a）角度属性设置　　　　　　　　　（b）快捷键 Space 实现旋转

图 2-15　元件的旋转

镜像功能是实现器件轴对称效果，在英文输入法环境下，选中元件，然后单击键盘的"X"或"Y"键，可实现在 X 轴与 Y 轴方向轴对称。图 2-16 所示是三极管轴对称与电解电容轴对称的效果。

（a）三极管的轴对称　　　　　（b）极性电容的轴对称

图 2-16　元器件轴对称操作

2.4.3　对象(元器件)的复制与删除

复制元器件时,需选中需要复制的器件,单击鼠标右键,执行 Copy,再执行 Paste 粘贴。同时复制多个元器件时,与单个器件的复制方法一样,只需要选中要复制的多个器件再执行复制、粘贴。元件的复制粘贴也可以使用快捷键"CTRL＋C"复制、"CTRL＋V"粘贴直接操作。

元器件的删除有两种操作方式:一是单击选中要删除的器件,选中后按 Delete 键删除;二是拉框选中所需要删除的多个对象(多个元器件),按 Delete 键一次性完成多个器件的删除,如图 2-17 所示。

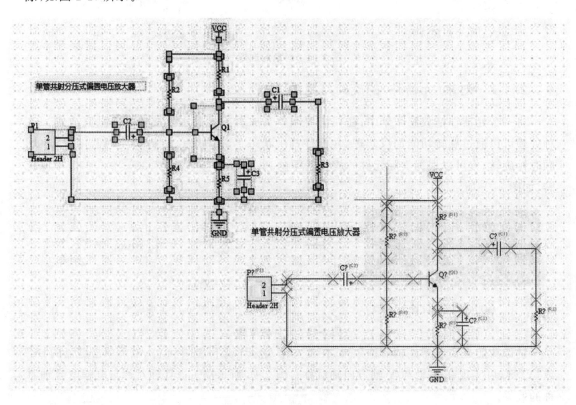

图 2-17　多个对象的选择与复制

2.4.4　对象(元器件)的对齐与均匀分布设置

为使放置的器件排列整齐,AD20 在编辑菜单下设置有 Align 子菜单功能,实现对多个器件的有序排列和均匀分布,如图 2-18 所示。基本功能有左对齐(Align Left)、右对齐(Align Right)、水平中心对齐(Align Horizontal Centers)、水平均匀分布(Distribute Horizontally)、顶端对齐(Align Top)、底端对齐(Align Bottom)、垂直中心对齐(Align Vertical Centers)、垂直均匀分布(Distribute Vertically)、对齐到格栅(Align to Grid)。

选中排列器件,执行底部对齐,如图 2-19 所示。图 2-19(a)是尚未底部对齐的器件,执行底部对齐 Align Bottom 再执行水平均匀分布 Distribute Horizontally 后器件的排列效果如图 2-19(b)所示。

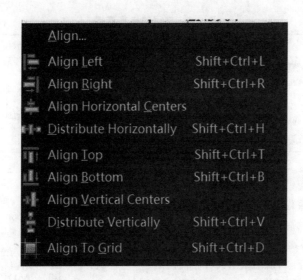

图 2-18 对象对齐编辑子菜单

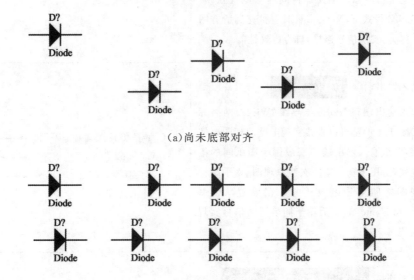

(a)尚未底部对齐

(b)底部对齐与均匀分布

图 2-19 元器件对齐与分布

◆ **2.4.5 对象(元器件)电气连接方法**

Altium Designer 20 的图纸结构关系共有两种:一种是层次性的图纸,即母图与子图之间的垂直架构,某一层级的图纸只能与上下级的图纸有关系;另一种是扁平结构,任何两张图纸之间都可以直接建立信号连接。

这里的元器件连线指的是实现器件间的电气连接,Altium Designer 20 提供了导线(Wire)、总线(Bus)、线族(Signal Harness)三种由单线到线族的直连方法,同时提供了网络标号(Net Label)、输入输出端口(Port)、图纸入口(Sheet Entry)、电源端口(Power Port)、隐藏引脚(Hidden Pin)、离图连接(Off Sheet Connector)六种网络标识连接方式,如表 2-2 所示。

表 2-2　常用的电气连接

序号	连线方式	示例
1	导线：**Wire** 元器件引脚到引脚直接通过导线（Wire）实现单线电气连接，特点是简洁明了，适合当前原理图信号的电气互联	
2	网络标号：**Net Label** 网络标号能替代导线（Wire）实现元器件引脚的电气连接，能弥补连线太长带来的干扰电路走线识别困难，具有简洁直观清晰的特点。在默认设计环境下，当前图纸上具有相同网络标号的导线或元器件引脚电气上是连接在一起的。适合当前原理图元器件间信号电气互联。在 Global 模式下，Net Label 具有扩充到所有图纸的能力，实现信号连接，具有电气性能	
3	输入输出端口：**Port** 输入输出端口（Port）与导线（Wire）、网络标号（Net Label）都可以直接实现电路原理图电气连接，图纸输入输出端口一般用于图纸间的信号连接，适用于垂直型层次性原理图、水平结构原理图之间信号电气连接。在设置"Allow Ports to Name Nets"后用于同名网络信号实现电气连接	
4	离图连接：**Off Sheet Connector** 离图连接用于在同一工程中选定图纸之间的信号连接，具有电气连接性质，具有普适性	
5	总线：**Bus**　**Bus Entry** 总线概念提出的目的是适应具有相同性质的多根导线的捆绑，保证信号连接简洁、紧凑，便于识图。总线连接由总线（Bus）与总线入口（Bus Entry）两个组件构成，其本身没有严格意义的电气连接关系，依靠导线（Wire）和网络标号（Net Label）实现与元器件引脚电气连接。通常用于并行数据总线、控制总线、地址总线的连接，适合当前原理图元器件间总线信号的电气互联	

续表

序号	连线方式	示例
6	线族：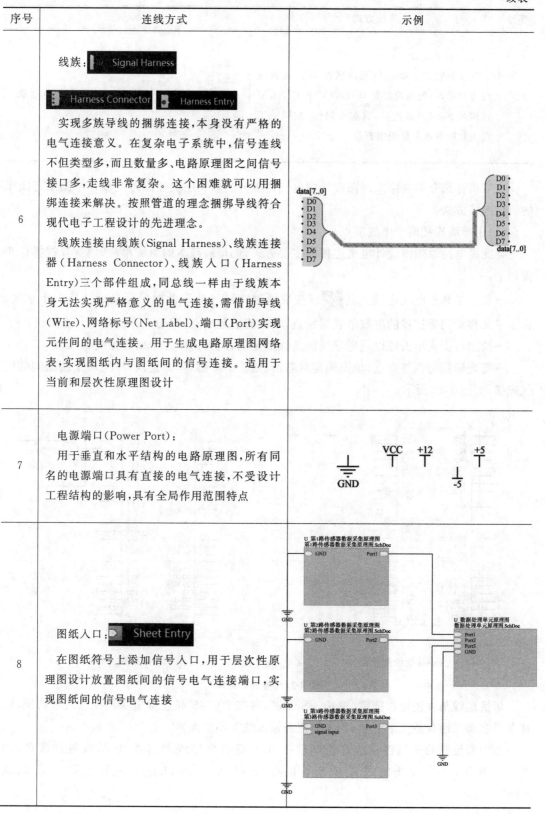 Signal Harness Harness Connector　Harness Entry 　实现多族导线的捆绑连接,本身没有严格的电气连接意义。在复杂电子系统中,信号连线不但类型多,而且数量多、电路原理图之间信号接口多,走线非常复杂。这个困难就可以用捆绑连接来解决。按照管道的理念捆绑导线符合现代电子工程设计的先进理念。 　线族连接由线族(Signal Harness)、线族连接器(Harness Connector)、线族入口(Harness Entry)三个部件组成,同总线一样由于线族本身无法实现严格意义的电气连接,需借助导线(Wire)、网络标号(Net Label)、端口(Port)实现元件间的电气连接。用于生成电路原理图网络表,实现图纸内与图纸间的信号连接。适用于当前和层次性原理图设计	
7	电源端口(Power Port)： 　用于垂直和水平结构的电路原理图,所有同名的电源端口具有直接的电气连接,不受设计工程结构的影响,具有全局作用范围特点	
8	图纸入口：Sheet Entry 　在图纸符号上添加信号入口,用于层次性原理图设计放置图纸间的信号电气连接端口,实现图纸间的信号电气连接	

续表

序号	连线方式	示例
9	Hidden Pin： 　　默认是隐藏引脚通过元件属性中 Pins 修改设置显示，一般隐藏的是电源 VCC 和 GND，通过同名 Net Label 连接，具有全局性，在同一工程下对所有电路原理图有效	DAC 的 VCC、GND 隐藏

本节将详细介绍电路原理图设计中电气连接方法以及层次性原理图设计中图纸与图纸的信号连接方法。

（1）用导线连接两个电气节点。

导线是电路原理图设计电气连接的主要方式，也是最基本的组成单位，放置导线操作步骤如下：

→点击工具栏电气连线工具▬或按快捷键"Ctrl＋W"，此时鼠标光标变换为十字叉，将十字叉移动到要连接的电气节点起始点，单击确定起始点，移动光标拉出电气连接线；

→拉出后多次单击可以确定导线的走线固定点，此时仍旧处于放置导线状态；

→将光标固定在终点上，单击确定后右击（或按 Esc 键）释放连线，即完成了两点间的电气连接，如图 2-20 所示。

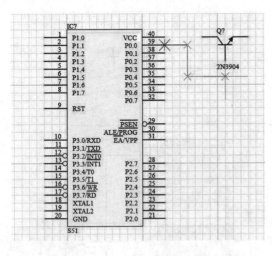
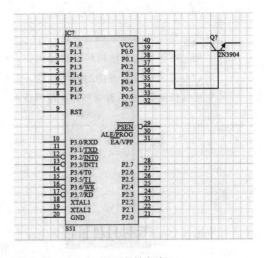

（a）导线绘制状态　　　　　　　　　　　　　（b）绘制完毕

图 2-20　导线的绘制

切换走线角度使用快捷键"Shift＋Space"，可在 90°、45°和任意角度三种方式下切换，快捷菜单在美式键盘英文下有效，通常在搜狗输入法下不能兼容。

选中所绘制的电气连线或在绘制前按 Tab 键设置导线的属性，包括线宽和颜色，如图 2-21 所示，其中导线的线宽有 Smallest、Small、Medium、Large 四个选项，系统默认 Small。

(a)线宽设置

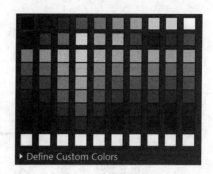

(b)颜色设置

图 2-21　导线属性设置

(2)用总线(Bus)、总线入口线(Bus Entry)、网络标号(Net Label)绘制总线。

在复杂的电子系统中,数据总线、地址总线、控制总线往往使用单根导线进行电气连接,往往会造成导线比较密集,不利于读图。Altium Designer 20 的总线(Bus)、总线入口(Bus Entry)功能实现多根具有相同性质的导线的捆绑,通过总线两端的导线(Wire)和网络标号(Net Label)配合实现图纸元件间的电气连接。

总线绘制的基本步骤如下:

→取总线绘制工具 Bus,在两个数据接口间绘制数据总线,如图 2-22 所示,总线绘制方法与导线绘制方法一样,单击确定起始点,连续单击确定走线固定点,最后确定终点。

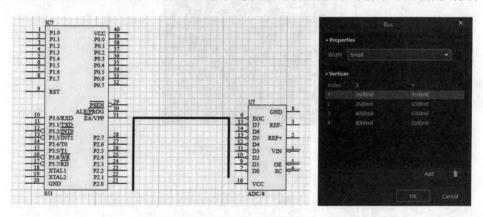

图 2-22　绘制总线

→取总线入口绘制工具 Bus Entry,在总线与元器件引脚间建立电气连接,如图 2-23所示。

→取 Net Label 网络标号工具 Net Label,绘制网络标号,单击 Net Label 后按 Tab键,设置网络标号的名称 D0,如图 2-24(a)所示。确定后连续单击在 S51 的 P2 口自动递增放置 D0~D7,再次按 Tab 键从 D0 开始连接 ADC-8 的数据口,自动递增放置 D0~D7,至此总线绘制全部完成。S51 的 P2(P2.0~P2.7)口与 ADC-8 的数据口(D0~D7)一一对应实现电气连接,如图 2-24(b)所示。

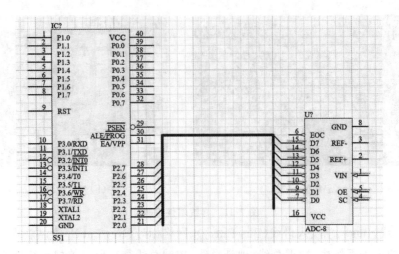

图 2-23　在总线与元器件间绘制分支线

（a）　Net Label 属性设置

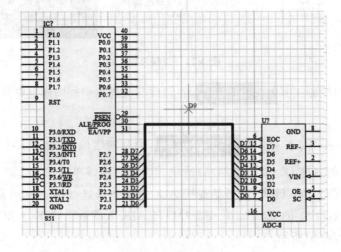

（b）　Net Label 标注

图 2-24　Net Label 属性设置与标注

（3）用网络标号（Net Label）进行电气逻辑连接。

Altium Designer 20 电路原理图设计编辑器的网络标号具有与导线一样的电气连接功能，同一张电路原理图上的相同名称的网络标号在本质上是电气逻辑连接在一起的，如图 2-25 所示，图（b）的网络标号 Diver_1 逻辑连接与图（a）中使用导线直接连接具有同样的电气连接关系。

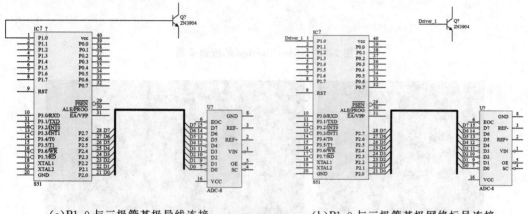

（a）P1.0 与三极管基极导线连接　　　　　（b）P1.0 与三极管基极网络标号连接

图 2-25　网络标号连接方法

（4）线束连接（Signal Harness）。

Altium Designer 20 线束（Signal Harness）用于建立元件间的连接，起到降低电路图的复杂性的作用，尤其在层次性高级原理图设计的不同图纸间使用线束捆绑信号十分有利于读图分析。该方法通过汇聚所有信号的逻辑组对导线（Wire）和总线（Bus）的连接性进行扩展，提高了电路原理图的可读性。线束没有实质性的电气作用，Signal Harness 功能能够将多条信号线捆绑成一束，Signal Harness 中可以包含多条总线（Bus）和信号线（Wire），Signal Harness 相当于线路的管道，实现将多路信号捆绑在一起，线路元器件与电路图之间的电气连接仍然是通过 Wire、Net Label、Port 实现的，线束在设计上是精简线路，将线路打捆有利于提高设计的简洁性和读图的直观性。

Harness 线束由信号线束（Signal Harness）、线束连接器（Harness Connector）、线束入口（Harness Entry）组成，如图 2-26 所示。

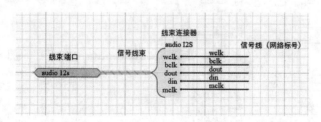

图 2-26　Signal Harness 的组成

线束的扩展嵌套使用如图 2-27 所示。

线束、线束入口、线束连接器的属性设置如图 2-28 所示，线束的属性主要是线束的线宽设置，有 Smallest、Small、Medium、Large 四个选项；线束连接器的属性主要包括 Location、Properties、Entries 等。

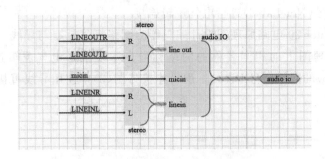

图 2-27 Signal Harness 的嵌套使用

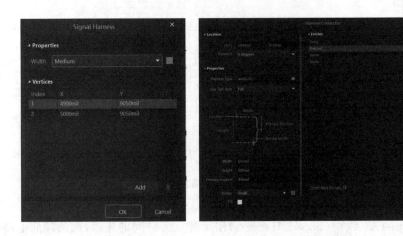

图 2-28 Signal Harness、Harness Connector 属性

(5)输入输出端口。

Altium Designer 20 的图纸的输入输出端口 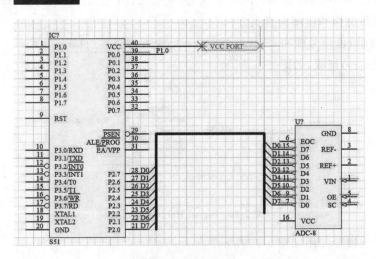 在层次性原理图设计中用于不同图纸间的信号电气连接,而 Bus、Wire、Net Label 一般在本张图纸中实现元器件间的电气连接,Port 使用 工具放置,如图 2-29 所示。

图 2-29 Port 放置

端口属性设置面板如图 2-30 所示,通过设置属性参数修改端口名称、类型、线束类型、文本字体、边框和填充颜色,实现对端口形态的设置编辑。

图 2-30　Port 属性设置

→Name:具有相同名称的端口在电气上是互联的,是端口关键性的属性;

→I/O Type:端口的电气特性,有 Unspecified(未制定)、Output(输出)、Input(输入)、Bidirectional(双向)四种类型;

→Harness Type:线束类型;

→Font:字体设置;

→Border:端口边框线宽、颜色设置;

→Fill:填充色设置。

(6)Port、Sheet Entries、Net Label、Powers Port 有效范围设置。

使用者可以调用 Project→Project Options→Options 进行设置,确定 Port 和 Sheet Entries 的作用范围。如图 2-31 所示,勾选 Allow Ports to Name Nets 可以将 Port 与同名 Nets 实现电气网络连接,扩展可使用范围,默认环境下勾选 Allow Sheet Entries to Name Nets,即层次性原理图设计中 Sheet Entries 在图纸间与图纸内都具有连接同名网络的特性。

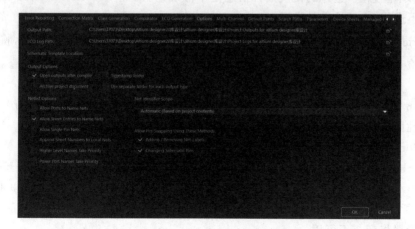

图 2-31　Net List Options 设置

其中 Net Identifier Scope 具有以下设置选项：

• Automatic(Based on project contents)：默认缺省，表示系统会自动检测图纸中的内容，自动实现 Net Identifier Scope，基本优先原则是如果检测到图纸中有 Sheet Entry，则自动调整为 Hierarchical 结构；如果没有 Sheet Entry，仅有 Port，则调整为 Flat；当 Sheet Entry 和 Port 都没有运用时，调整为 Global。

• Flat(Only port global)：图纸在扁平 Flat 模式下，Port 的作用范围扩大到所有图纸，只要名称相同就具有直接电气连接关系，而 Net Label 作用范围仅在单张图纸内。

• Hierarchical (sheet entry<->port connections, power port, global)：层次性模式下，sheet entry<->port connection 在上下级图纸间有效，而 power port 具有全局特点，扩充到所有图纸。

• Strict Hierarchical (sheet entry<->port connections, power port, local)：严格层次性模式下，sheet entry<->port connection 在上下级图纸间有效，而 power port 不具有全局特点，仅作用于本张图纸。

• Global(net labels and ports, global)：Global 模式下，net labels and ports 都具有扩充到所有图纸的能力，实现信号连接，具有电气性能。

隐匿引脚 Hidden Pin 在图纸内默认通过 Net Label 进行电气连接，相同名称的 Hidden Pin 都是连接在一起的，具有电气连接特性，通常用于电源的正极和接地端；Off Sheet Connector 专用于信号在图纸之外的信号连接，只要是同名的 Off Sheet Connector 就具有信号连接性，也具有电气连接特性，在同一工程下的所有图纸中使用。

总之，Altium Designer 20 常用的电气连接关系符 Net Label、Port、Entry 的电气连接作用域可以总结如下，在实际设计工作中加以运用。

• 平行关系：Power Port(全局)、Port(全局)、Net Label(本地)。
• 层次关系：Power Port(全局)、Port(与 Sheet Entry 匹配)、Net Label(本地)。
• 全局关系：Power Port(全局)、Port(全局)、Net Label(全局)。

◆ 2.4.6 Generic No ERC 标号设置

Altium Designer 20 为使用者提供了不进行 ERC 检查的设置权限。在实际的工作中如果元件的引脚悬空不用，将会在电气规则检查 ERC 中报告 no connect 的错误，因为系统默认所有引脚不能悬空，这样的错误报告信息是不准确的，因此 Generic No ERC 标号为使用者提供了不进行 ERC 检查的设置。

Generic No ERC 放置使用工具条中的 ⨯ Generic No ERC 工具，单击该工具，将其放置在需要剔除检查的位置，放置 Generic No ERC 符号的位置将不再进行 ERC 检查，如图 2-32 所示。

按 Tab 键可修改其属性，包括 Generic No ERC 符号的位置、颜色修改、符号形状设置等。其属性面板如图 2-33 所示。

• Color：颜色设置。
• Symbol：有 Thick Cross、Thin Cross、Small Cross、Check Box、Triangle 五种形状。
• Active：默认勾选状态，激活抑制错误检查，ERC 检查规则使用者可以有效设置，如图 2-33 所示的 Connector Matrix 连接选项处于勾选状态。当 Active 未勾选时，抑制违规检查规则设置将变灰不可用。

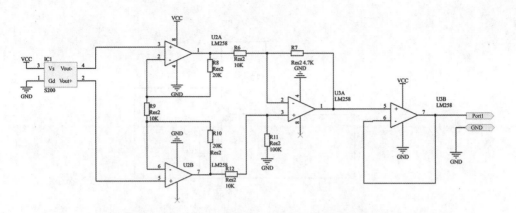

图 2-32　Generic No ERC 设置后的电路图

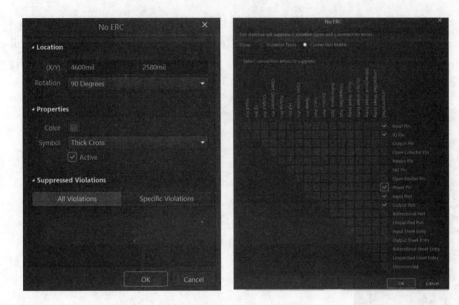

图 2-33　Generic No ERC 属性

2.5　单管共射分压式放大器电路原理图设计

本节以如图 2-34 所示的简单的单管共射放大电路原理图设计为例介绍原理图设计过程。其设计过程一般要经过如下基本环节：

→新建工程文件夹，用于存放设计工程；

→新建 PCB 工程；

→新建电路原理图 Schematic，进行图纸参数设置；

→加载电路原理图符号库或集成库；

→放置电路原理图所需要的电子元件；

→进行信号连线；

→进行元件序号、参数设置；

→标注电路原理图相关信息和标题栏；

→保存完成设计。

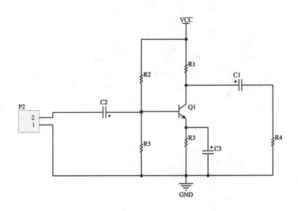

图 2-34　单管共射放大电路原理图

第一步：打开 Components 标签，在混合器件库 Miscellaneous 中选取 NPN 型 2N3904 三极管、选择电阻元件 Res1、电解电容元件 Cap Pol2，在混合连接器件库 Miscellaneous Connectors 中选 Header 2H 拖放在绘图工作区中，按照有序的原则进行器件排列，如图 2-35 所示。

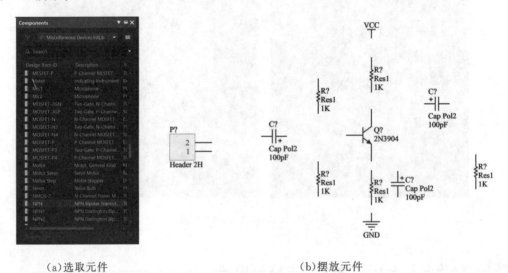

（a）选取元件　　　　　　　　　　　　　　（b）摆放元件

图 2-35　放置元件

第二步：打开接地与电源工具按钮，按 Place GND Power Port 拖放"⏚GND"，按 Place VCC Power Port 拖放"VCC"符号。

第三步：连线，选取连线工具 Wire 将各个电子元件按照图 2-34 连接起来，电气连接节点（Node）会自动出现，如图 2-36 所示。

第四步：对元器件进行序号编码和参数标注。

元器件的编号、参数、型号注释有两种方法，一种是手动注释，另一种是自动注释。

手动注释：首先选中元件，右击调出属性（Properties）对话框进行设置，如图 2-37 所示。

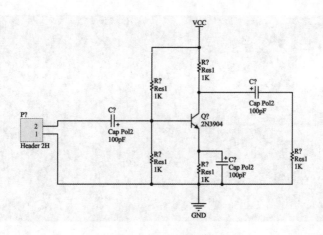

图 2-36　连线完毕

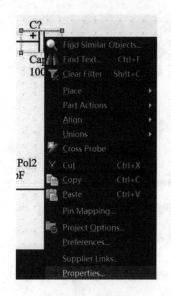

（a）调用元件属性

（b）元件序号、型号属性设置

（c）元件参数设置

图 2-37　元件属性手动设置

单击 ⊙ 可实现对所设置的属性参数的显示和关闭，单击 🔓 可实现对编辑属性参数的锁定与解锁。

自动注释：调用工具（Tools）菜单下的注释（ Annotation ▸ Annotate Schematics... ）可实现元器件序号的自动注释，如图 2-38 所示。

可以选取元器件的自动注释顺序，元器件的注释顺序有四种，分别是从左到右-从上往下、从下往上-从左到右、从上往下-从左到右、从左到右-从下往上，如图 2-39 所示。

单击 Update Changes List 按钮，出现图 2-40 对话框，单击 OK 按钮确定，元件序号自动注释列表如图 2-41 所示。

单击 Accept Changes 实现元件需要的更改，然后单击 Execute Changes，结果如图 2-42 所示。

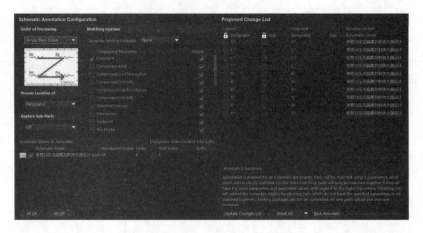

图 2-38　自动注释对话框

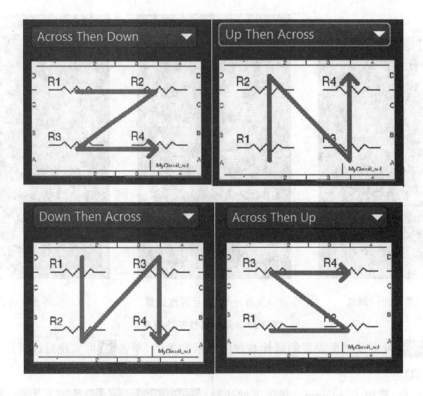

图 2-39　四种注释顺序

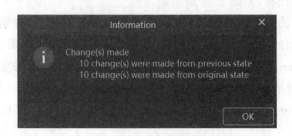

图 2-40　元件序号注释更改对话框

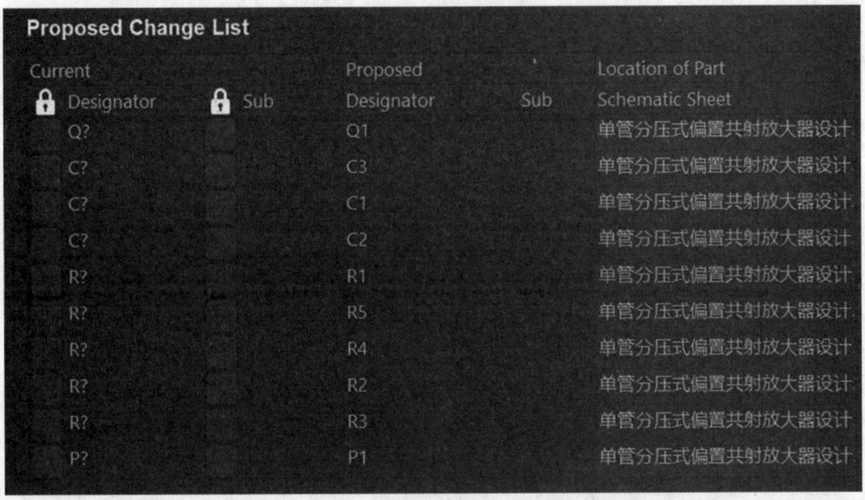

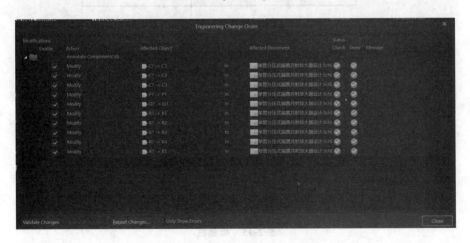

Proposed Change List

Current		Proposed		Location of Part
🔒 Designator	🔒 Sub	Designator	Sub	Schematic Sheet
Q?		Q1		单管分压式偏置共射放大器设计
C?		C3		单管分压式偏置共射放大器设计
C?		C1		单管分压式偏置共射放大器设计
C?		C2		单管分压式偏置共射放大器设计
R?		R1		单管分压式偏置共射放大器设计
R?		R5		单管分压式偏置共射放大器设计
R?		R4		单管分压式偏置共射放大器设计
R?		R2		单管分压式偏置共射放大器设计
R?		R3		单管分压式偏置共射放大器设计
P?		P1		单管分压式偏置共射放大器设计

图 2-41　元件序号注释更改列表对应关系

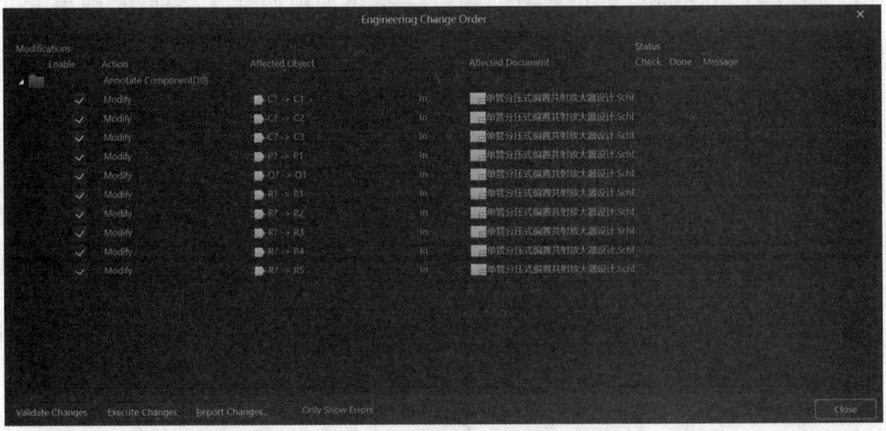

（a）执行 Accept Changes 对话框

（b）执行 Execute Changes 对话框

图 2-42　自动注释设置生效过程

单击 Close 完成自动注释,结果如图 2-43 所示。

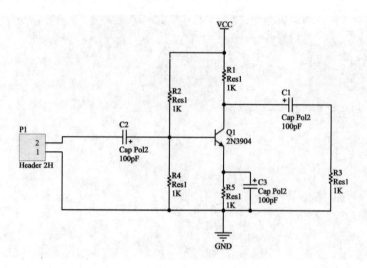

图 2-43 电路元件自动注释结果

将所有元件的 Comment、Value 关闭,通过 close 添加说明性文字标注,则单管共射放大器电路原理图设计效果如图 2-44 所示。

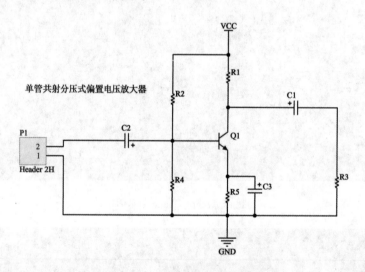

图 2-44 单管共射放大器电路原理图设计结果

第五步:调用文本编辑工具 A 对图纸的标题栏进行完善,如图 2-45 所示。

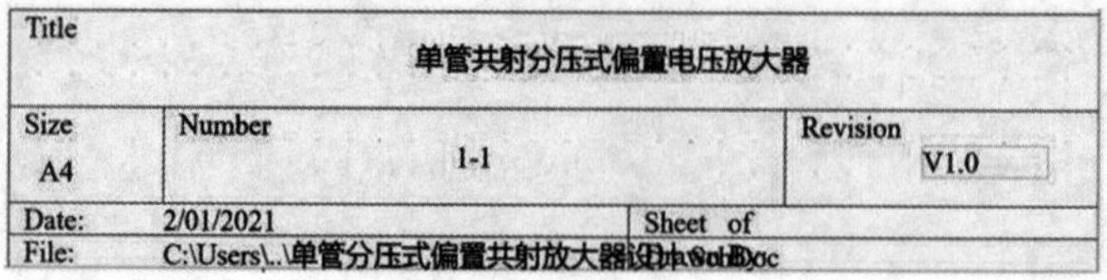

Title	单管共射分压式偏置电压放大器		
Size A4	Number	1-1	Revision V1.0
Date:	2/01/2021		Sheet of
File:	C:\Users\..单管分压式偏置共射放大器设计.SchDoc		

图 2-45 标题栏

第六步:单击 💾 保存设计文件,一张简单的完整电路原理图设计完毕。

2.6　AT89S51 单片机最小系统电路原理图设计

本节以如图 2-46 所示的单片机最小系统原理图设计为案例,巩固原理图设计的方法。

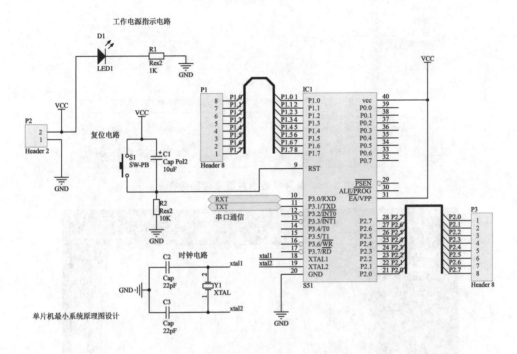

图 2-46　单片机最小系统原理图

在电脑桌面上新建设计文件夹,命名为"单片机最小系统设计",启动 Altium Designer 20,执行 File→New→Project 命令,新建 PCB 工程,保存在设计文件中,命名为"单片机最小系统板设计",继续执行 File→New→Schematic 命令,启动原理图设计编辑器,将图纸命名为"单片机最小系统原理图",如图 2-47～图 2-49 所示。

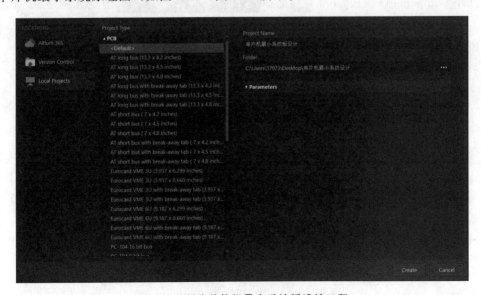

图 2-47　新建单片机最小系统板设计工程

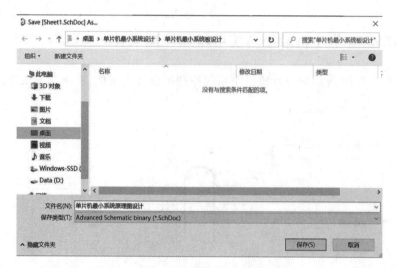

图 2-48　单片机最小系统原理图保存

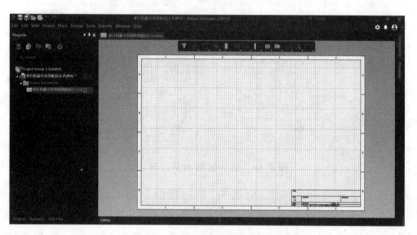

图 2-49　单片机最小系统原理图编辑器

打开 Components 面板，单击 ▤ 选择 File-based Libraries Preferences... ，出现如图 2-50 对话框，选择 Installed 标签，单击 Installed 按钮，添加库，这里我们加载设计有 AT89S51 单片机的自制原理图符号库，如图 2-51 所示。

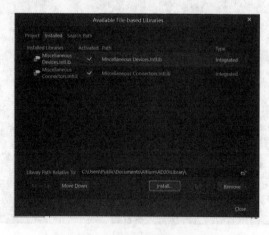

图 2-50　电路原理图符号库安装

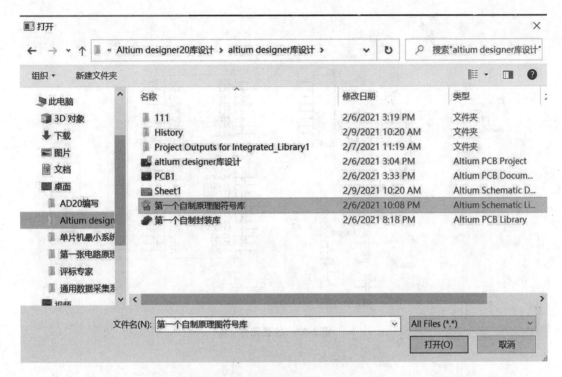

图 2-51 选择"第一个自制原理图符号库"

单击"打开",出现图 2-52 所示界面,单击 Close 按钮,完成自制库的加载。

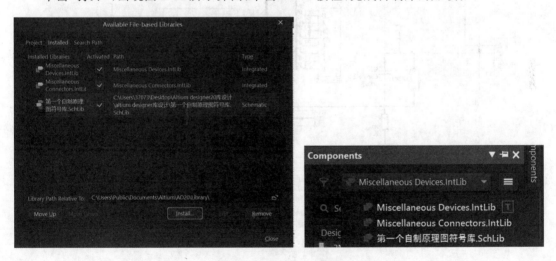

图 2-52 自制库安装成功

在自制库中选择 AT89S51,在混合器件库 Miscellaneous 中选择电阻元件 Res2、电解电容元件 Cap Pol2、无极性电容 Cap、晶振 XTAL、按钮 SW-PB、发光二极管 LED1,在电源符号工具栏中选择电源符号 VCC、接地符号 GND,在混合连接器件库 Miscellaneous Connectors 中取 Header 2、Header 8,将所有元器件排列好如图 2-53 所示。

下面开始进行元件的信号电气连接,这里使用导线 Wire、网络标号 Net Label、端口 Port、总线 Bus 四种形式进行信号连接,如图 2-54 所示。

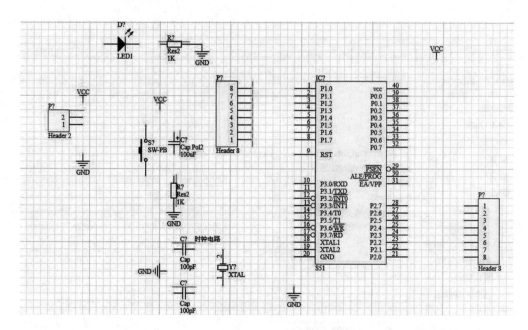

图 2-53　放置元件

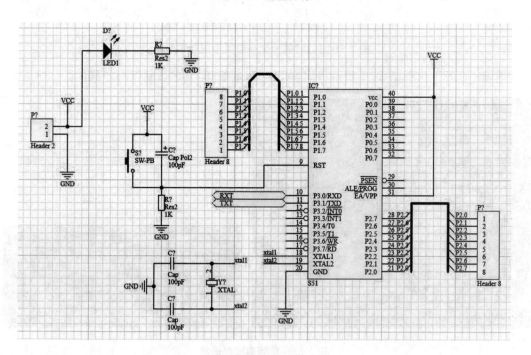

图 2-54　信号连线完毕

手动注释：首先选中元件，右击调出属性（Properties）对话框进行设置，如图 2-55 所示。

单击 ⊙ 可实现对所设置的属性参数的显示和关闭，单击 🔒 可实现对编辑属性参数的锁定与解锁。

自动注释：调用工具（Tools）菜单下的注释（ Annotation ）可实现元器件序号的自动注释，如图 2-56 所示。

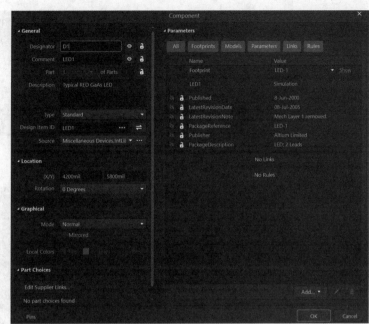

图 2-55　手动编辑元件属性

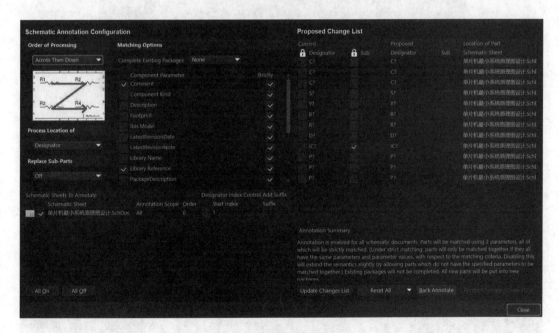

图 2-56　自动注释对话框

可以选取元器件的自动注释顺序,元器件的注释顺序有四种,分别是从左到右-从上往下、从下往上-从左到右、从上往下-从左到右、从左到右-从下往上。

单击 Update Changes List 按钮,出现图 2-57 对话框,单击 OK 确定,元件序号自动注释列表如图 2-58 所示。

单击 Accept Changes 实现元件需要的更改,然后单击 Execute Changes,结果如图 2-59 所示。

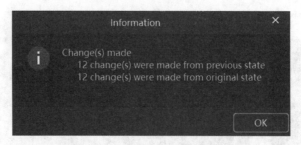

图 2-57　元件序号注释更改对话框

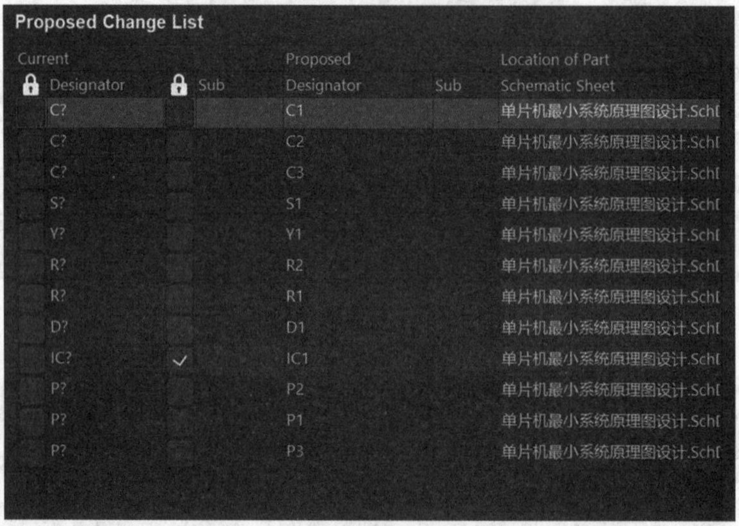

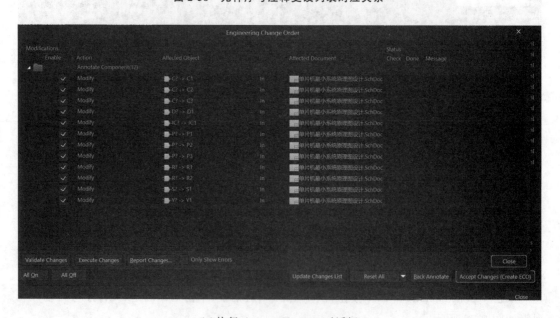

图 2-58　元件序号注释更改列表对应关系

(a)执行 Accept Changes 对话框

图 2-59　自动注释设置生效过程

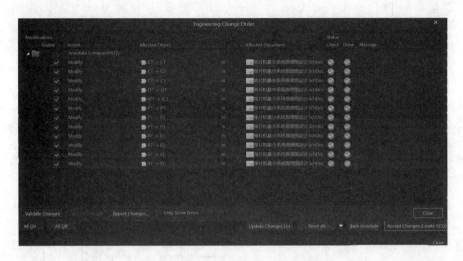

（b）执行 Execute Changes 对话框

续图 2-59

单击 Close 完成自动注释，元件的序号完成了自动注释，但是元件的参数依然采用的是默认参数，如图 2-60 所示。

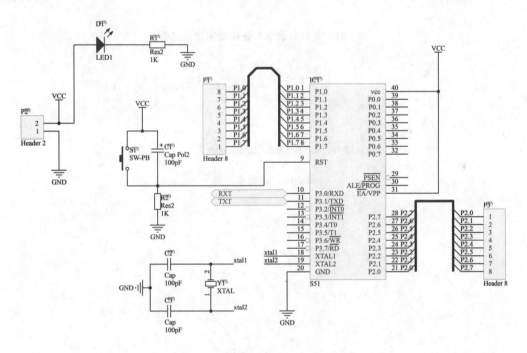

图 2-60　电路元件序号自动注释结果

现在开始手动编辑器件参数，点击 R1、R2、C1～C3 逐个修改参数值完成设计，并使用字符串标注"单片机最小系统原理图设计"等信息，如图 2-61 所示。

调用文本字符串编辑工具 对图纸的标题栏进行完善，如图 2-62 所示。

单击 保存设计文件，一张单片机最小系统原理图便设计完成，选择 File→Print Preview 启动打印预览，整张原理图图纸如图 2-63 所示。

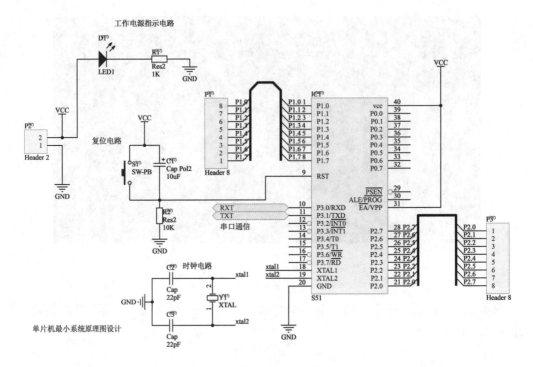

图 2-61　单片机最小系统原理图设计结果

Title			单片机最小系统原理图设计	
Size	Number			Revision
A4		1-1		V1.0
Date:	2/09/2021		Sheet of	1/1
File:	C:\Users\..\单片机最小系统原理图设计.SchDoc		Drawn By:	lishuangxi

图 2-62　标题栏完善

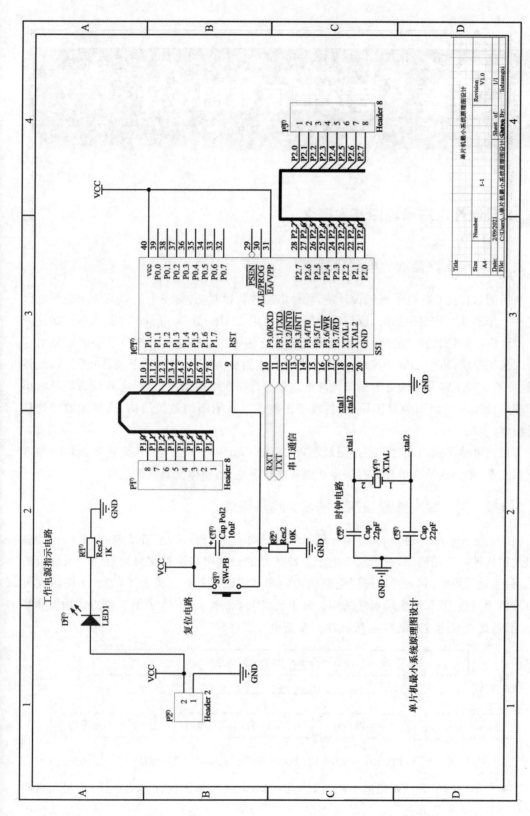

图 2-63　单片机最小系统设计原理图打印预览效果

第3章 层次性原理图设计

3.1 层次性电路原理图基本概念

◆ 3.1.1 什么是层次性电路原理图

众所周知在复杂的电子系统设计中,硬件电路往往很复杂,将一个复杂系统的全部电路集中在一张图纸上是很困难的,也不便于阅读和使用。Altium Designer 20 提供了层次性原理图设计方法,层次性原理图设计就是将复杂系统的硬件电路原理图按照子系统划分出若干个二级子模块,每个二级子模块又可以按照功能划分为若干个三级子硬件单元,以此类推,这样就实现了将复杂的电子系统硬件电路划分成层次结构清晰、单元电路较为简单的小型原理图设计。在 PCB 设计工程中,各级子图构成层次明晰的系统结构,这样做的好处是设计简便、实用。

各层次电路子图图纸之间通过图纸端口(Sheet Entry)实现互联,从而实现模块间的电气互联互通,划分的子图单元具有一定功能和结构独立性,整体又具有系统性。

◆ 3.1.2 层次性电路原理图的基本结构与组成

图 3-1 是 Altium Designer 20 基于图纸符号-图纸端口(Sheet Symbol-Sheet Entry)的多层级的层次性电路结构图,一个复杂电子系统的总的硬件电路原理图只能有一个系统级的母图,处于最高层级,其下可以按照电路的功能和结构设置若干二级子图,二级子图下又可以设计若干三级子图,形成层次性结构。母图代表电子系统的整体,子图反映的是功能和结构单元,彼此之间通过图纸端口 Port 统一实现电气互联。

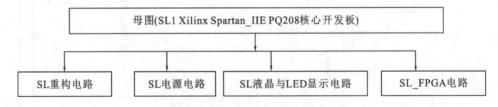

图 3-1 SL1 Xilinx Spartan-IIE PQ208 核心开发板层次性电路结构图

层次性原理图的最低层级的电路设计与第 2 章电路原理图设计方法一样,这里不再赘述。层次性原理图的其他层级都是建立在下级原理图之上,电路原理图的构成要素是由下级电路原理图生成的层次性原理图符号表达硬件设计的,图纸符号之间通过图纸端口统一物理电气连接。图 3-2(a)是 SL1 Xilinx Spartan-IIE PQ208 核心开发板母图,其二级子图由

SL 重构电路(SL_Config_2E)原理图、SL 电源电路(SL_Power)原理图、SL 液晶与 LED 显示电路(SL_LCD_SW_LED_2E)原理图,SL_FPGA 电路(SL_FPGA_Auto_2E)原理图组成。图 3-2(b)是 SL1 Xilinx Spartan-IIE PQ208 核心开发板原理图设计的层次性结构图,整体结构清晰,层次明了,便于设计。

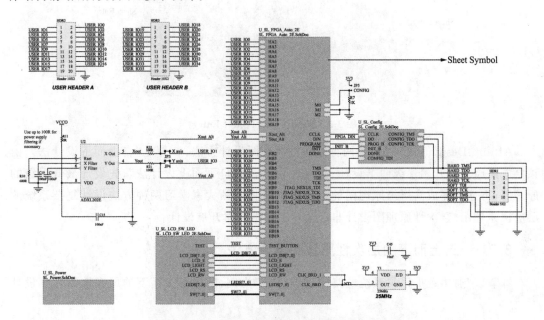

(a)Xilinx Spartan-IIE PQ208 核心开发板层次性电路母图

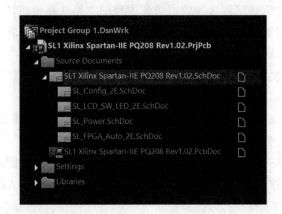

(b)Xilinx Spartan-IIE PQ208 核心开发板工程层次性结构图

图 3-2　Xilinx Spartan-IIE PQ208 核心开发板层次性电路

3.2　层次性原理图设计方法

在复杂、大型 PCB 设计工程中,Altium Designer 20 集成了 Sheet Symbol-Sheet Entry 层次性原理图设计方法与管理功能,如图 3-3 所示。这里 Sheet Symbol 定义为一种链接式符号,在多图表设计中对子图进行抽象,子图在上一级子图中以 Sheet Symbol 标识,以 Sheet Entry 实现电气连接,使上层子图和系统结构看起来更加简洁明晰,结构规整。Sheet Symbol 用于链接工程内子图文件,具有当前工程内可编辑处理的设计灵活性。

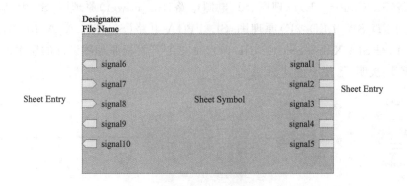

图 3-3　**Sheet Symbol-Sheet Entry**

Altium Designer 20 提供了两种层次性原理图设计方法,一种是"自上而下设计法",由顶层电路原理图开始逐级向下设计;另一种相反,即"自下而上设计法",先设计最低层级的原理图,再逐级完成高层级原理图的设计。本节将带领大家学习两种方法设计复杂系统的层次性原理图,层次性原理图设计非常适合工程组同时开展设计。

◆　**3.2.1　自上而下的层次性原理图设计方法**

本节以"通用数据采集系统电路原理图设计"为例,阐述自上而下的层次性原理图设计方法。

系统电路原理图设计规划:将通用数据采集系统电路原理图按照功能规划为"第 1 路传感器数据采集原理图""第 2 路传感器数据采集原理图""第 3 路传感器数据采集原理图""数据处理单元电路原理图"四个二级电路,按照自上而下的设计方法,首先设计通用数据采集系统电路原理图母图,其基本设计过程与步骤如下:

第一步,在计算机桌面上新建工程文件夹,文件夹命名为"通用数据采集系统设计(top-down)"。

第二步,打开 Altium Designer 20,新建设计工程"通用数据采集系统设计(top-down).PrjPCB",将该工程保存到上一步建立的文件夹中。

第三步,在该工程下选择 New→Schematic,新建一个电路原理图作为通用数据采集系统的母图,文件名称保存为"数据采集系统母图"。设置图纸尺寸为 A4 图纸、图纸方向为水平风景画方向、标题栏采用标准格式(Standard)、XY 方向图纸分区数为 4。

第四步,选择 Place→Sheet Symbol 或单击放置工具栏中的 Sheet Symbol ,在母图中创建"第 1 路传感器数据采集原理图""第 2 路传感器数据采集原理图""第 3 路传感器数据采集原理图""数据处理单元电路原理图"四个二级电路图纸符号,将对应的图纸符号文件名修改为"第 1 路传感器数据采集原理图""第 2 路传感器数据采集原理图""第 3 路传感器数据采集原理图""数据处理单元电路原理图",并将图纸符号放在合适的位置,完成图纸符号的放置。图 3-4 所示是图纸符号的属性设置对话框,在该对话框中可方便设置图纸符号对应的文件名。

①Properties 选项组:

Designator 文本框,用于设置图纸符号的名称,如"U_第 1 路传感器数据采集原理图";

File Name 文本框,用于设置图纸符号所代表的下级电路原理图的文件名称,如"第 1 路传感器数据采集原理图";

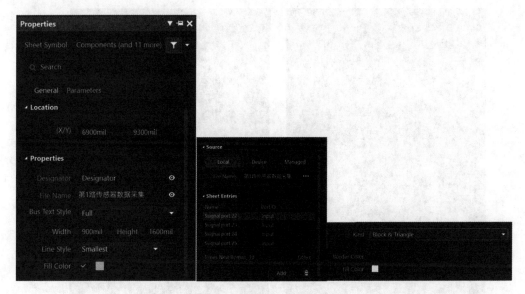

图 3-4　图纸符号文件名称设置

Bus Text Style 下拉列表,用于选择设置线束连接器中文本显示类型,有全程"Full"、前缀"Prefix"两个选项;

Line Style 下拉列表,用于设置图纸符号的边框的线宽,一般有 Smallest、Small、Medium、Large 四个选项;

Fill Color 复选框,用于设置图纸符号的填充颜色。

②Source 选项组:

File Name 文本框,用于设置图纸符号所代表的下级电路原理图的文件名称。

③Sheet Entries 选项组:

单击 Add 用于添加图纸的入口,与 Place 工具栏的 Sheet Entry 具有同样的功能;

Times New Roman, 10　　　　　　　　Other 中的字体设置用于设置图纸符号的字体、字号以及加粗、斜体等效果,Others 按钮用于设置图纸入口的电气类型、边框颜色和填充颜色。

④Parameters 选项卡:

用于为图纸符号添加、删除和编辑标注文字说明,单击 Add 按钮,添加参数可进行名称、值、位置、颜色、字体、定位等属性的设置。单击 ⊙ 、🔒 可实现对"Value""Name"的显示和锁定,如图 3-5 所示。

放置好的图纸符号如图 3-6 所示。

接着,为母图中的四个模块添加图纸入口,单击 ▶ Sheet Entry 放置,按 Tab 键进行图纸入口属性设置,如图 3-7 所示。图纸入口属性设置主要包括图纸入口名称 Name、入口电气类型 I/O Type、线束类型 Harness Type、字体 Font、边框颜色 Border Color、填充颜色 Fill Color、图纸入口箭头类型 Kind。图纸入口设置完毕后,根据四个单元的电气连接关系,将图纸符号模块连接完整,则母图原理图设计的效果如图 3-8 所示。

采用自上而下的设计方法,执行 Design→Create Sheet From Sheet Symbol,将"+"光标放到相应的图纸符号上,单击生成新的子一代图纸,重复操作直至所有图纸符号均生成下一级图纸并保存,按照默认文件名保存图纸文件,如图 3-9 所示。

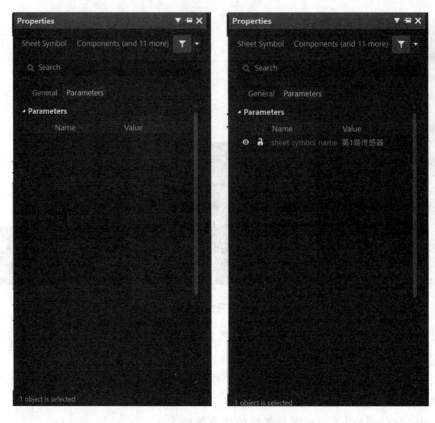

图 3-5　Parameters 选项卡

U 第1路传感器数据采集原理图
第1路传感器数据采集原理图

U 第2路传感器数据采集原理图
第2路传感器数据采集原理图

U 数据处理单元电路原理图
数据处理单元电路原理图

U 第3路传感器数据采集原理图
第3路传感器数据采集原理图

图 3-6　母图中设置完毕的四个模块图纸符号

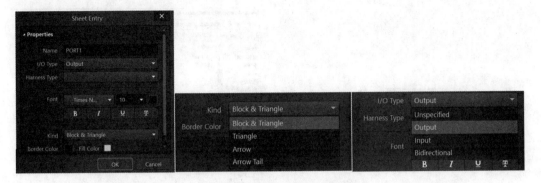

图 3-7　图纸入口属性设置对话框

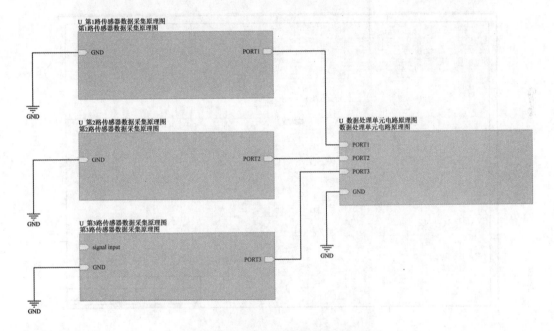

图 3-8　通用数据采集系统母图设计

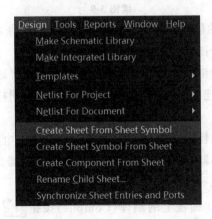

（a）生成新的子一代图纸文件菜单

图 3-9　Create Sheet From Sheet Symbol

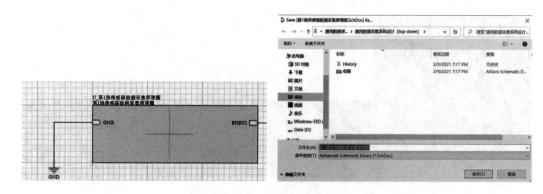

（b）生成子一代图纸文件的过程

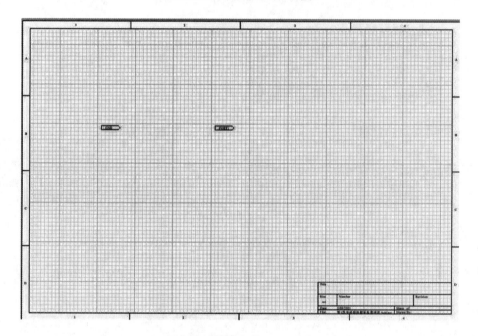

（c）生成子一代图纸（带 PORT 端口）

续图 3-9

完成所有子一代图纸的创建，执行 Project→Compile 命令后，图 3-10 所示结构图清晰地显示了母图与四个模块子图的层次关系。

在生成的各模块子图中继续设计子原理图，按照第 2 章普通电路原理图的设计方法加载库、放置元件、调整位置、连线、保存，完成子图设计。使用同样的方法可以完成所有四个模块子图的原理图设计。

以上是自上而下的层次性设计方法。完成的四个模块子电路原理图"第 1 路传感器数据采集原理图""第 2 路传感器数据采集原理图""第 3 路传感器数据采集原理图""数据处理单元电路原理图"，如图 3-11～图 3-14 所示。

设计完成后单击 Project 面板上的编译（Compile）按钮 📋 进行工程编译处理，生成层次报告，完成设计。

图 3-10　层次性结构关系

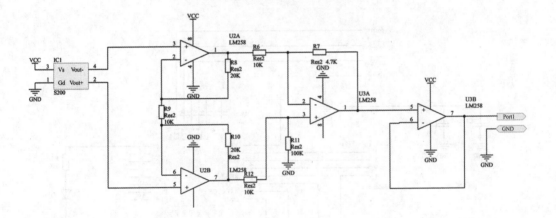

图 3-11　第 1 路传感器数据采集原理图(二级子图)

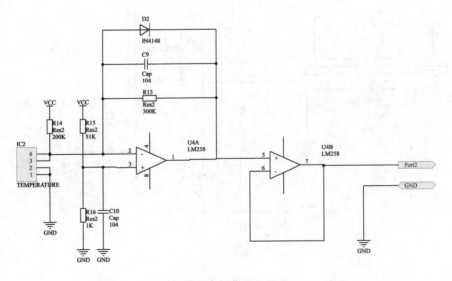

图 3-12　第 2 路传感器数据采集原理图(二级子图)

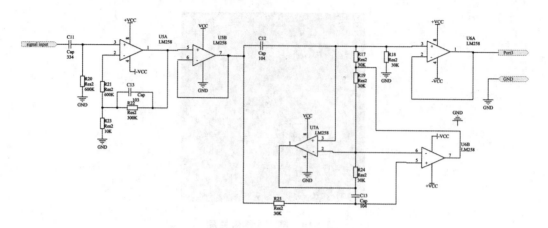

图 3-13　第 3 路传感器数据采集原理图(二级子图)

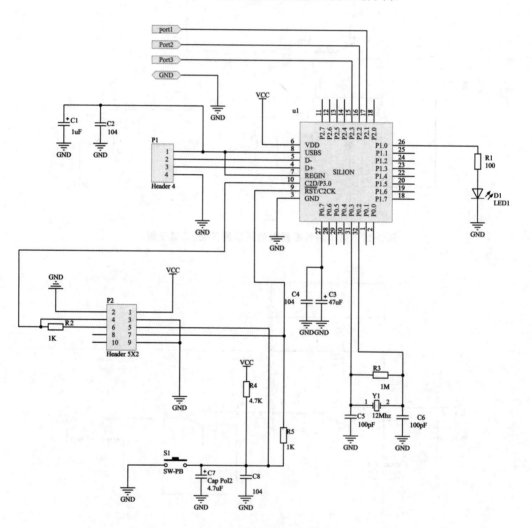

图 3-14　数据处理单元电路原理图(二级子图)

◆ **3.2.2 自下而上的层次性原理图设计方法**

自下而上的层次性原理图设计与自上而下的设计过程相反,自下而上的设计的应用前提是各模块功能已经设计完,特别在已有设计底层模块的前提下通过组合可以方便实现符合不同设计功能要求的电子系统的设计,具有灵活的重组性设计特点。

自下而上层次性原理图设计的关键性指令是 Design 菜单下的二级子菜单指令 ,其主要作用是实现将底层电路原理图生成的原理图符号提供给上一级层次性电路原理图使用。

下面以"通用数据采集系统的原理图设计"系统介绍自下而上的设计过程。

第一步,在计算机的桌面上新建设计工程文件夹,将设计文件夹命名为"通用数据采集系统设计(bottom-up)"。

第二步,启动 Altium Designer 20。选择 New→Project,新建 PCB 工程,选择 Default 项,这里将设计工程名称保存为"通用数据采集系统设计(bottom-up). PrjPCB",单击 Create 按钮完成设计工程的新建,如图 3-15 所示。

图 3-15　新建 PCB 工程

第三步,在工程中新建电路原理图文件 1,将该电路子原理图命名为"第 1 路传感器数据采集原理图",如图 3-16 所示。设置图纸格式,按照普通电路原理图设计方法完成"第 1 路传感器数据采集原理图"子图设计,如图 3-17 所示。

第四步,在工程中继续新建电路原理图文件 2,将该电路子原理图命名为"第 2 路传感器数据采集原理图"。设置图纸格式,按照普通电路原理图设计方法完成"第 2 路传感器数据采集原理图"子图设计,如图 3-18 所示。

第五步,在工程中继续新建电路原理图文件 3,将该电路子原理图命名为"第 3 路传感器数据采集原理图"。设置图纸格式,按照普通电路原理图设计方法完成"第 3 路传感器数据采集原理图"子图设计,如图 3-19 所示。

第六步,在工程中继续新建电路原理图文件 4,将该电路子原理图命名为"数据处理单元

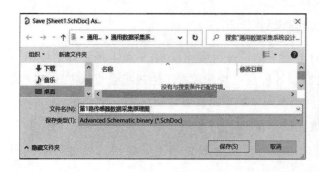

图 3-16　"第 1 路传感器数据采集原理图"子图新建

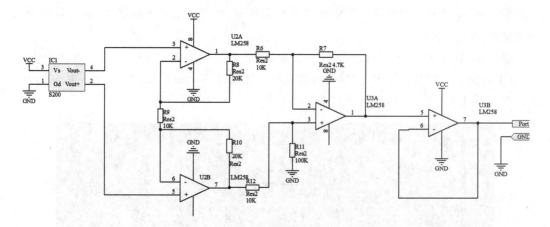

图 3-17　第 1 路传感器数据采集原理图绘制

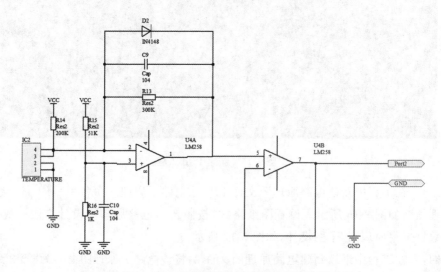

图 3-18　第 2 路传感器数据采集原理图绘制

原理图"子图设计,设置图纸格式,按照普通电路原理图设计方法完成"数据处理单元原理图"子图设计,如图 3-20 所示。

第七步,完成所有子图的设计后,接下来在工程中继续新建电路原理图文件,将该电路原理图命名为"母图",设置图纸格式。

第八步,在打开母原理图编辑器环境下,选择 Designer→Create Sheet Symbol From

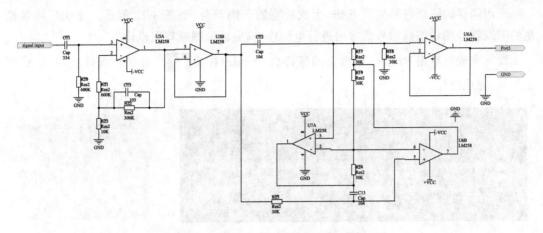

图 3-19　第 3 路传感器数据采集原理图绘制

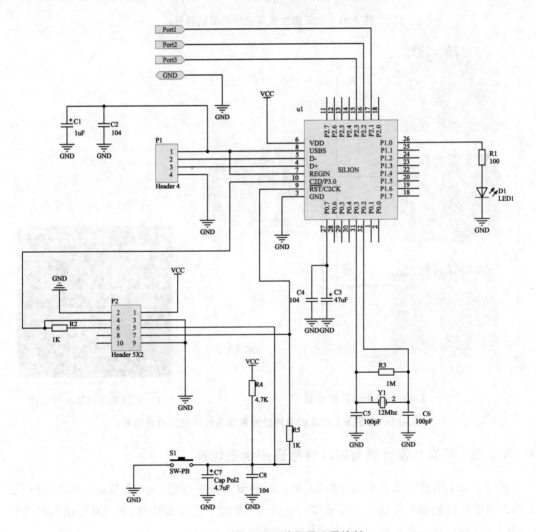

图 3-20　数据处理单元原理图绘制

Sheet，出现如图 3-21 所示的对话框，选中"第 1 路传感器数据采集原理图"，单击 OK 确定，在母图中生成其对应的图纸符号，放在母图中合适的位置。

采用同样的图纸符号生成方法,生成所有的子图符号,如图 3-22 所示。完成后将各模块的图纸符号端口按照信号流方向进行电气连接,完成母图原理图设计。

设计完成后单击 Project 面板上的编译(Compile)按钮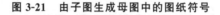进行工程编译处理,生成层次报告,完成设计。

(a)Create Sheet Symbol From Sheet 对话框   (b)生成的 Sheet Symbol

图 3-21   由子图生成母图中的图纸符号

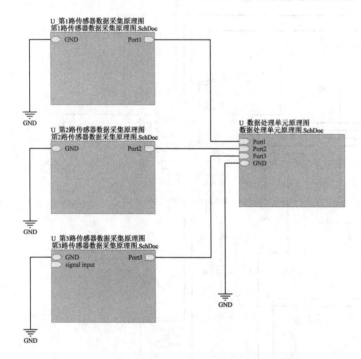

(a)自下而上设计的母图   (b)电路原理图层次性结构

图 3-22   自下而上完成的通用数据采集系统原理图设计结果

◆ 3.2.3   层次性设计表与层次性原理图视图切换

通过 3.2.1 节和 3.2.2 节的介绍,大家已经初步掌握了应用 Altium Designer 20 进行层次性原理图设计的基本方法。Altium Designer 20 集成了层次表功能,实现对复杂的层次原理图的分析与层次关系掌握,层次表的生成方法如下:

· 层次性原理图设计完成后,执行编译(Compile)按钮可对整个工程进行编译处理;

· 执行 Report→Report Project Hierarchy,即可生成该工程的层次设计关系报告,层次设计关系报告以缩进的格式明确表达了各个原理图之间的层次关系,下级电路原理图按照层级关系依次缩进,层次关系十分明晰,如图 3-22(b)所示。

工程师在实际工作中,经常需要在层次性原理图之间实现视图切换,常见的切换方法如下:

利用 Project 结构层次组织管理器切换,如图 3-23 所示。

①在 Project 模式下,单击所需要切换的母图视图即可打开母图为当前视图窗口,需要打开子图时则单击对应层次的子图即可。

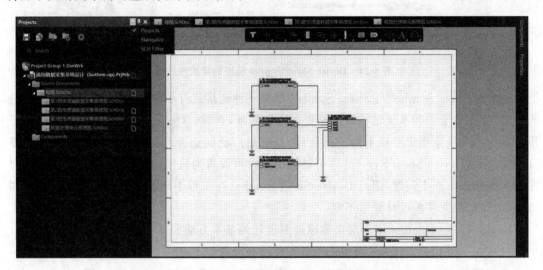

图 3-23　利用 Project 层系关系表切换原理图视图

②执行 Tools→Up/Down Hierarchy 可方便进行上下级层次性原理图视图之间的切换。从上级切换到下一级,执行该菜单后,光标会变成"＋",将"＋"放到对应的下级 Sheet Symbol 上,单击即可打开对应的下级子图;如从下级切换到上一级,只需要执行 Tools→Up/Down Hierarchy 命令,之后,将变成"＋"的光标放到 Sheet Symbol 一个端口 Port 上单击,即可切换到上一级电路原理图。

简单的层次关系的原理图可以很方便地利用执行 Tools→Up/Down Hierarchy 切换方法进行管理,但是在复杂的电子系统原理图设计中,由于层次关系十分复杂,这种方法很难满足需求,这个时候层次关系表就十分有效。

3.3　器件图纸符号在层次性原理图设计中应用

Altium Designer 20 还集成了 Device Sheet Symbol-Sheet Entry 功能,用于在大型复杂设计工程层次性原理图设计中关联其他工程或路径下的可共享可共用电路设计模块。Device Sheet Symbol 设置功能成功地将其他工程或路径中有用的子图设计用于当前工程,具有类似于从 Library 中调用 Component。Device Sheet Symbol 可理解为一种可复用"子图库",使用者可以在不同工程、不同成员之间重复利用成熟的子图,既提高了工程的健壮性,降低了系统复杂度,也减少了 Altium Designer 20 设计工程师的工作量。此外,工程组在共同维护一套可复用的子图,对子图的正确性、工程器件选型的一致性、元件成本的把控都具有积极意义。

Device Sheet Symbol 链接的层次性设计如图 3-24 所示。

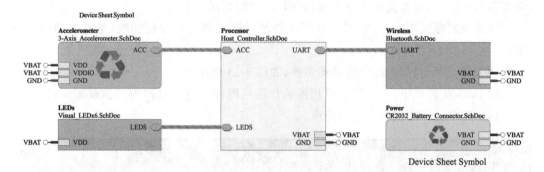

图 3-24　Device Sheet Symbol 链接的层次性设计

　　Device Sheet Symbol 与 Sheet Symbol 都是一种链接式符号,在多图表设计中对子图进行抽象,使上层子图和系统结构看起来更加逻辑明晰,直观。Device Sheet Symbol 链接的子图文件可以是任意指定路径下的子图文件,具有更广泛的选择范围。为防止调用的子图源文件的修改,Device Sheet Symbol 许可链接的文件可设置为只读,避免不同的设计工作者对子图的误修改而产生问题,因此 Device Sheet Symbol 在工程中只能对子图文件进行链接和查看,以保护源文件的设计要求不变。

　　Device Sheet Symbol 用于层次型原理图设计的基本方法如下:

　　(1)Device Sheet Symbol 调用子图源文件路径设置。

　　要使用 Device Sheet Symbol 功能,首先执行 Tools→Preferences→Data Management→Device Sheets 命令,调出如图 3-25 所示的 Device Sheets 参数设置。

图 3-25　Device Sheets 路径设置

　　• Device Sheet Folders 选项:单击 Add 设置当前工程需要从其他工程或路径中调用的子图原理图的文件路径,多个来源则单击 Add 多次添加不同的子图来源路径,如图 3-26 所示,如需要使用其中的子文件夹,勾选 Include Sub-folders。选中其中的任意路径,单击

Remove 按钮可以删除,利用 Move Up/Move Down 可以调整子图路径的位置。

图 3-26 添加 Device Sheets 来源的文件夹选项

• Option 选项组:用于控制子图源文件在当前工程中只读属性设置,是否显示只读标识和显示 Device Sheets Watermark 标识,默认全部勾选。

(2)Device Sheet Symbol 调用。

设置 Device Sheet Symbol 指定路径后,绘制多图表等层次性原理图时可以任意调用该路径下的所有子图,放置 Device Sheet Symbol 基本方法如下:

• 在顶层菜单中选择 Place→Device Sheet Symbol;

• 在原理图空白处右击,调出 Place 功能菜单并选择 Place→Device Sheet Symbol;

• 使用快捷键 P+I;

• 在主工具栏上单击 Device Sheet Symbol 图标放置。

执行上述任意一种 Device Sheet Symbol 放置方法,则弹出如图 3-27 所示 Device Sheet Symbol 放置对话框,选中调用子图的路径,则该子图将以 Device Sheet Symbol 链接符号出现在上一级层次性原理图上,如图 3-28 所示,系统自动添加 Port。按照原理图设计基本方法和 Port 的连接方法可方便完成该层次性原理图的设计工作。

(3)Device Sheet Symbol 调用后的层次性原理图编译处理。

完成工程设计后,执行 Project 中的编译按钮 ▦,完成工程编译,使用 Device Sheet Symbol 完成设计编译后的层次性原理图设计工程文件,层次性结构图示例如图 3-29 所示。

(4)Device Sheet Symbol 与 Sheet Symbol 转换处理。

在层次性原理图设计中,Altium Designer 20 提供了 Device Sheet Symbol 与 Sheet Symbol 转换处理技术。

图 3-27　Device Sheet Symbol 放置对话框

图 3-28　放置的 Device Sheet Symbol

• 选择 Edit→Re factor→Move Selected Sub Circuit to Different Sheet：移动所选择的子图符号(Sheet Symbol/Device Sheet Symbol)到当前工程的其他图纸上。其操作方法是选中待移动的 Sheet Symbol 或 Device Sheet Symbol，选择 Edit→Re factor→Move Selected Sub Circuit to Different Sheet，在 Choose Destination Document 中选择目标文档位置即可实现移动操作，执行其选择对话框如图 3-30 所示。

• 选择 Edit→Re factor→Convert Selected Schematic Sheet to Device Sheet：实现 Schematic Sheet 向 Device Sheet 转换，选中待转换的 Schematic Sheet，弹出如图 3-31 所示的对话框，选择相应的转换处理方式即可实现转换处理，十分方便。

• 选择 Edit→Re factor→Convert Selected Device Sheet to Schematic Sheet：实现 Device Sheet 向 Schematic Sheet 转换。与 Schematic Sheet to Device Sheet 转换操作方法一样，读者可在学习中练习掌握运用。

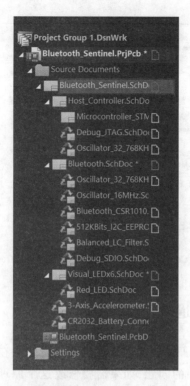

图 3-29　层次性原理图结构图示例（Device Sheet Symbol）

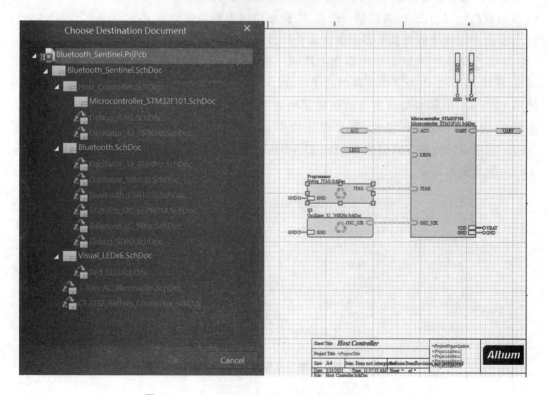

图 3-30　Move Selected Sub Circuit to Different Sheet

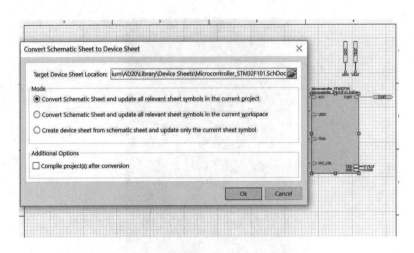

图 3-31　Convert Selected Schematic Sheet to Device Sheet

3.4　电路原理图多通道设计方法

　　Altium Designer 20 电路原理图多通道设计方法是解决在系统开发过程中允许使用者多次重复引用一个电路原理图的问题,如果需要修改这个原理图,则只需要修改一次即可。因此多通道设计是层次化设计的一种特殊形式,指同一张原理图被反复使用。比如一个有 64 路通道高级混音设备,再比如一个有 32 路通道的视频监控数据采集卡,Altium Designer 20 为多通道设计功能提供了多通道嵌套支持。

　　多通道设计的概念:设计中多次引用同一个 Channel(通道:电路原理图模块-子图),该通道(模块)只需要作为层次原理图的子图设计一次,通过 Repeat 关键词设置通道(模块)的使用次数,系统在编译处理后自动创建正确的网络表。如图 3-32 所示,主电路图由四个二级模块(Bank1～Bank4)组成,每个模块均由 a. schdoc、b. schdoc 组成,这里 a. schdoc、b. schdoc 可以设计成基本的模块,则 Bank1～Bank4 通过多通道设计技术实现对 a. schdoc、b. schdoc 重复调用四次。

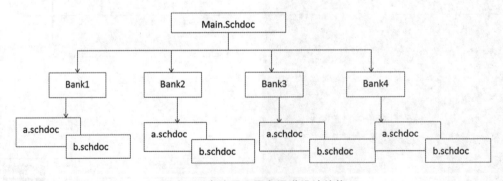

图 3-32　电路原理图多通道设计结构

◆ 3.4.1　多通道原理图设计方法

　　运用图纸符号(Sheet Symbol)、多图纸符号(Multi Sheet Symbol)是实现多通道层次性原理图设计的基本方法,多图表符号(Multi Sheet Symbol)是在 Sheet Symbol 的基础上添加了多图链接功能符号。

(1)运用图纸符号 Sheet Symbol 实现多通道设计。

这种方法与前述层次性原理图设计一样,通过在上一级图纸中重复多次调用同一个子图实现。图 3-33 所示是一个 8 路模拟 RC 低通滤波器的多通道电路设计,在母图中 8 次执行 Design→Create Sheet Symbol From Sheet 命令调用 RC_filter. SchDoc 构成模拟多路滤波器,采用总线绘制。其子图如图 3-34 所示,其他模块 RC 低通滤波器与图 3-34 相同。

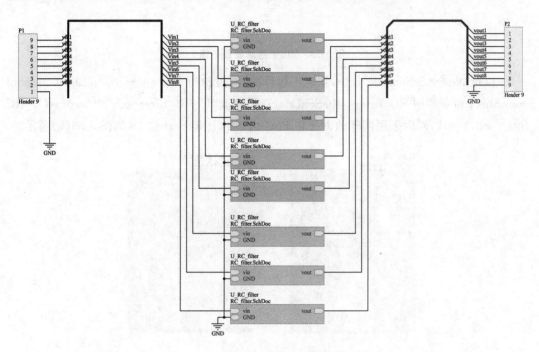

图 3-33 运用 Sheet Symbol 的 8 路模拟滤波器多通道原理图设计

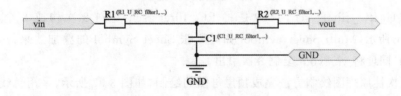

图 3-34 低通滤波器(子图)

(2)Repeat 命令生成 Multi Sheet Symbol 实现多通道层次性原理图设计。

上述通过多次执行 Design→Create Sheet Symbol From Sheet 命令调用 RC_filter. SchDoc 构成多通道层次原理图设计的方法在整体上显得还不够紧凑,尤其在复杂系统设计中难以满足设计要求,Altium Designer 20 提供了 Repeat 命令生成的 Multi Sheet Symbol 实现多通道层次原理图设计,其结构将更清晰简单。具体设计方法如下:

• 首先在计算机上建立工程文件夹(如 multi_sch_design);

• 打开 AD20,执行 New→Project 命令,新建过程并命名(如 multi_PCB_design),保存在工程文件下;

• 执行 New→Schematic 命令,新建子图模块,按照普通电路原理图设计方法设计 8 路模拟低通滤波器的子图(如命名为 RC_filter_sch),并添加输入信号 Port(vin)、输出 Port(vout)、地线 Port(GND),如图 3-35 所示;

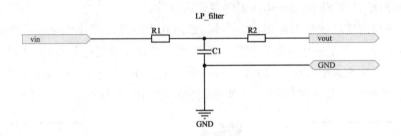

图 3-35　RC 低通滤波器子图

• 执行 New→Schematic 命令,新建工程母图,通过执行 Design→Create Sheet Symbol From Sheet 命令调用 RC_filter_sch. SchDoc,双击修改"U_RC_filter_sch"为"repeat(U_RC_filter_sch,1,8)",同时采用同样的方法将 Port 也添加上 Repeat 命令,如图 3-36(b)所示。

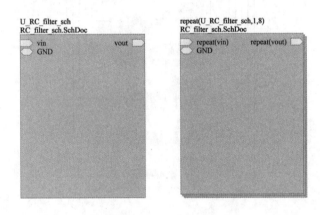

(a)Sheet Symbol　　　　(b)Multi Sheet Symbol

图 3-36　生成的 Sheet Symbol

repeat(U_RC_filter_sch,1,8)是将 RC_filter_sch 复制 8 次构成 8 个独立通道,如图 3-36(b)所示,Multi Sheet Symbol 如同 8 张 Sheet Symbol 的叠加效果;repeat(vin)、repeat(vout)同理将 vin、vout 复制 8 次引出。

按照层次性原理图绘制方法完成顶层母图的绘制,如图 3-37 所示,采用总线连线,并用 Net Label 标识分支线的电气连接关系,完成多通道层次性原理图设计。

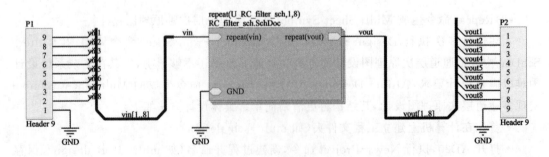

图 3-37　repeat 命令在多通道原理图设计中的应用

不难看出,利用 Repeat 命令设计的多通道层次性原理图设计结果要比前述方法(1)的设计结果更简洁明晰。因此 Repeat 命令在复杂系统重复利用模块的层次性原理图设计中更具优势。至此 Altium Designer 20 层次性原理图的设计方法介绍完毕,读者可以根据工程实际综合运用上述不同的设计方法,提高设计效率和图纸的可阅读性。

◆ 3.4.2 多通道原理图设计运用

现以农业害虫光聚杀 LED 灯驱动电路原理图的多通道电路原理图设计为例介绍 Altium Designer 20 多通道嵌套层次原理图的设计运用。

(1)在计算机上建立工程文件夹;

(2)打开 Altium Designer 20,执行 New→Project 命令,工程名称保存为"multi_channel_application";

(3)执行 New→Schematic 命令,按照普通电路原理图设计方法,设计最底层的子图,如图 3-38 所示,设计完成后保存文件,文件名设为"led_display";

(4)选择 New→Schematic,执行 Design→Create Sheet Symbol From Sheet 命令创建图纸符号 U_led_display,使用 Repeat 命令将图 3-38 电

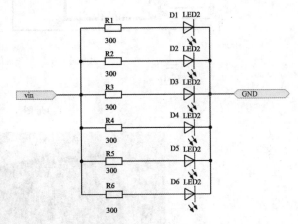

图 3-38 led_display 子图原理图设计

路复用 3 次,生成 Multi Sheet Symbol,根据设计需要,端口 Port(vin)执行 Repeat 命令,改为 repeat(vin),同样复用 3 次链接出来外接 AC-DC 变换电路,放置整流桥电路原理图符号和滤波电容电路原理图符号并合理布置,设计好的多通道层次原理图如图 3-39 所示,并将文件保存,文件名为设置为"7_channel_led"。

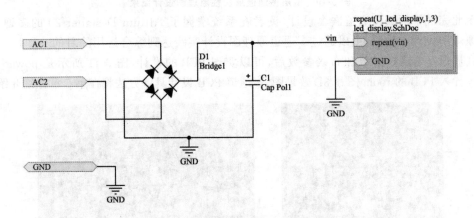

图 3-39 多通道层次原理图设计结果

(5)选择 New→Schematic,执行 Design→Create Sheet Symbol From Sheet 命令创建图纸符号 7_channel_led,使用 Repeat 命令将图 3-39 电路复用 4 次,生成 Multi Sheet Symbol,根据设计需要,端口 AC1、AC2 执行 Repeat 命令生成 repeat(AC1)、repeat(AC2),同样复用 4 次链接出来放置整流桥电路输入接线端子符号并合理布置,设计好的多通道层次性原理

图如图 3-40 所示，将文件保存，文件名设置为"power_led_display"，采用总线连接，并用 Net Label 标识实现总线分支线的电气连接。注意总线与端口 AC1、AC2 之间通过 Wire 实现电气连接，使用 Net Label(AC1、AC2)标识电气连接关系。

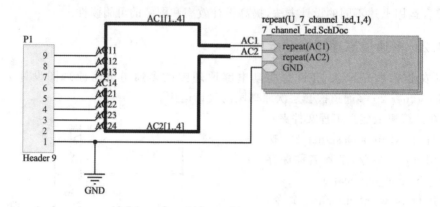

(a)母图

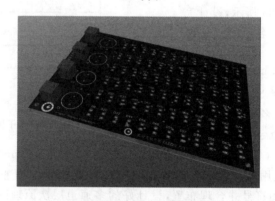

(b)多通道嵌套工程文件结构图

图 3-40　顶层多通道层次性原理图设计结果

至此完成了两级多通道嵌套设计，读者在系统掌握了 Altium Designer 20 的多通道层次性原理图设计方法后，可以通过多通道原理图设计实践达到综合运用的目的。

在规划好电路板参数和布线参数后，可以实现 PCB 的设计，图 3-41 所示是 power_led_display 导入 PCB 的 room 图和 3D 效果图，多通道 PCB 设计具体方法将在第 5 章详细介绍。

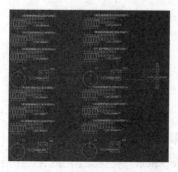
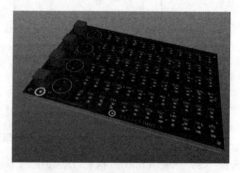

(a)导入 PCB 的 room 图　　　　　　(b)PCB 3D 效果图

图 3-41　农业害虫光聚杀 LED 灯驱动电路原理图

第4章 电路原理图设计管理

4.1 PCB 布线规则预处理设置

通常 PCB 设计规则是在 PCB 编辑器中利用主菜单 Design/Rules 进行设置的,但是 Altium Designer 20 允许使用者在 PCB 设计开始前利用 Parameter Set 工具在原理图中添加特定的 PCB 设计规则,该规则被约束在需要添加的位置,仅仅对约束的位置起作用。这种设计方法有利于设计者在 PCB 开始设计前约定自己的 PCB 设计规则,以便开始下一步的 PCB 设计。

例如,在 PCB 布线时对图 4-1(a)所示的电源电路的 VCC 和 GND 线宽进行加宽处理,VCC 网络 PCB 布线宽度加宽到 30 mil,GND 布线加宽到 40 mil,以增加线路的载流量,利用 Parameter Set 就可以在电路原理图设计时进行约束,基本 Parameter Set 方法如下:

选择 Place→Directives→Parameter Set,即可放置 Parameter Set 标志,按 Tab 键进行设置,弹出如图 4-2 对话框,进行设计规则设置。

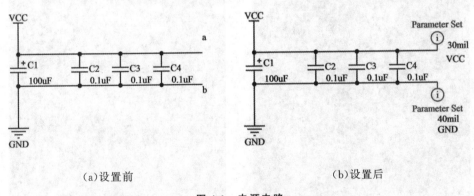

(a)设置前   (b)设置后

图 4-1 电源电路

Parameter Set 参数设置对话框:

- Location 选项组:Parameter Set 标注的位置坐标和角度设计;
- Properties 选项组:Parameter Set 标志的形状类型设计,有"Large""Tiny"两种;
- Parameters 选项组:包括 All、Parameters、Rules、Classes 四个设置项,All 项高亮则表示显示所有的 Parameters、Rules、Classes 项的设置情况,Parameters、Rules、Classes 项高亮即表示打开该选项设置。

首先设置电源 VCC 的参数,选中 Parameters 高亮显示,单击增加,修改线宽为 30 mil,如图 4-3 所示。

图 4-2　Parameter Set 对话框

再设置 Classes,选中 Classes 高亮显示,单击增加,修改 Net Class 为 VCC,如图 4-4 所示。

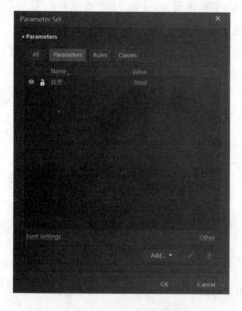

图 4-3　Parameters 设置

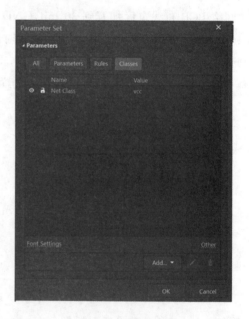

图 4-4　Classes 设置

接下来进行设计规则设置,高亮显示 Rules,单击增加,选中 Rules,显示如图 4-5 所示的 Choose Design Rule Type 对话框,选择 Routing 栏的 Width Constraint,系统弹出如图 4-6 所示的 Edit PCB Rule(From Schematic)-Max-Min Width Rule 对话框。

将 Min Width、Preferred Width、Max Width 都设置为 30 mil 后,将其放置在如图 4-1 (a)所示电路的 a 点;同理将 Min Width、Preferred Width、Max Width 都设置为 40 mil 后,将其放置在图 4-1(a)所示电路的 b 点,完成布线规则设置,如图 4-1(b)所示。由图 4-1(b)可以清晰看出 VCC 线宽设置为 30 mil,GND 线宽设置为 40 mil。

 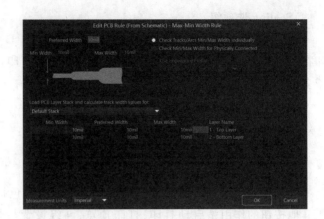

图 4-5 Choose Design Rule Type 对话框　　**图 4-6 Edit PCB Rule(From Schematic)-**

Max-Min Width Rule 对话框

4.2　电路原理图的打印

电路原理图设计完成后,往往要打印相关原理图的设计文件,这就需要使用 Altium Designer 20 的文件打印管理功能,Altium Designer 20 的 File 菜单下提供了图纸页设置 Page Setup、打印预览 Print Preview 和打印 Print 功能。

图 4-7 所示是图纸页设置 Page Setup 对话框,可以进行图纸的打印页面设置,以满足工程文件管理需要。

图 4-7　Page Setup 对话框

(1)Print Paper 选项组:

• Size:纸张的大小,用于选择打印纸的尺寸。

• Portrait:将图纸竖直打印。

• Landscape:将图纸横放打印。

(2)Offset 选项组:

• 设置页边距,Horizontal 表示设置水平页边距,Vertical 表示设置垂直页边距。

（3）Scaling 选项组：

• Scale Mode：设置打印比例，Scale Mode 下有 Fit Document On Page（系统自动调整打印在一张打印纸上）、Scaled Print（用户自定义比例打印，整张图纸可能打印在一张打印纸上或多张打印纸上）。

• Scale：用户自己设置打印比例。

（4）Corrections 选项组：

• 修正打印比例。

（5）Color Set 选项组：

• 设置打印的颜色，分 Mono（单色打印）、Color（彩色打印）、Gray（灰色打印）三种。

其他按钮的作用是启动打印、打印预览、高级设置与打印机设置，与 File→Print 功能一致。

图 4-8、图 4-9 所示分别是电路原理图打印预览界面和打印设置对话框。

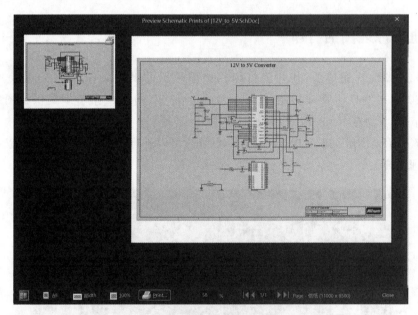

图 4-8　打印预览界面

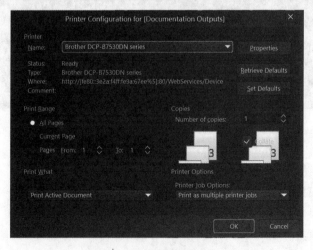

图 4-9　打印设置对话框

4.3 电路原理图元器件报表生成与管理

电路原理图的元器件报表是用来将当前工程的所有元器件的标识、封装和库参考等具体信息汇集在一张报表中,依据元器件报表清单,用户可以详细查看工程的元器件等信息,并可为 PCB 的生产和元器件采购、组装工艺设计提供依据。

4.3.1 单张电路原理图的元器件报表

下面以如图 4-10 所示的 DC-DC 变换器的电路原理图为例阐述元器件报表的生成方法。

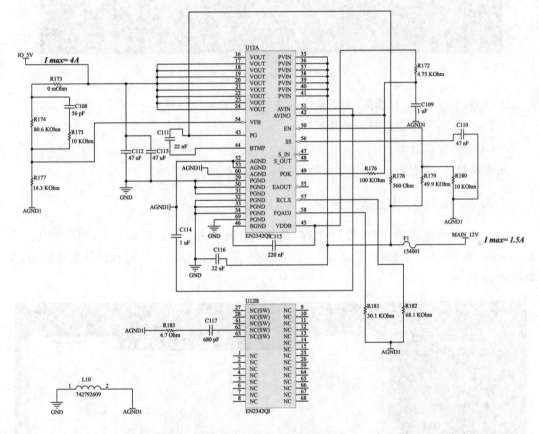

图 4-10   12V-5V 直流变换器

执行 Report→Bill of Materials,系统弹出 Bill of Materials for Schematic Document 对话框,在该对话框中可以对创建的元器件报表的内容进行设置,如图 4-11 所示,具体的内容如下:

　　• Properties Columns 标签:用于设置元器件的归类标准,可以设置哪些参数类型显示、哪些关闭;

　　• All Columns:所有元件信息,如 Comment、Description、Designator、Footprint 等;

　　• File Format:文件格式选择包括 cvs 格式、txt 格式、excel 格式;

　　• Add to Project:勾选后,报表将直接添加到工程中;

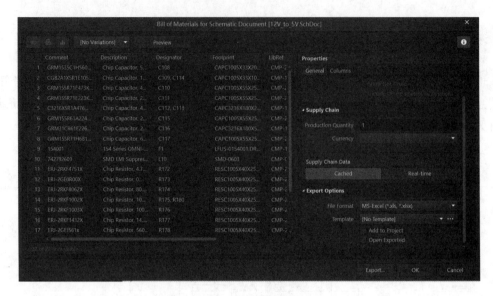

图 4-11　生产报表对话框

- Open Exported：勾选后，报表讲义相应的程序将自动打开；
- Template：用于设置显示模板；
- Export：导出报表。

完成设置后，单击 Export 导出元器件报表。

◆ **4.3.2　PCB 工程元器件报表**

图 4-12 所示是一项 PCB 设计工程，选择 Reports→Bill of Materials，则弹出 Bill of Materials for Project 对话框（见图 4-13），单击 Export 可以导出设计过程的元器件清单，文件格式为 excel。

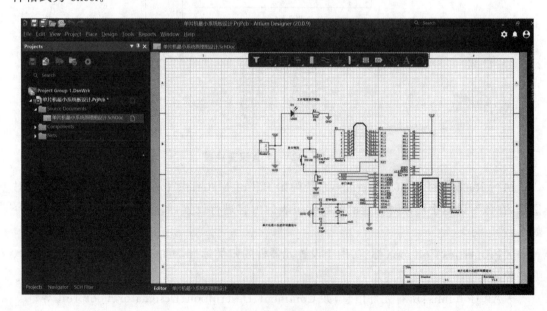

图 4-12　PCB 设计工程

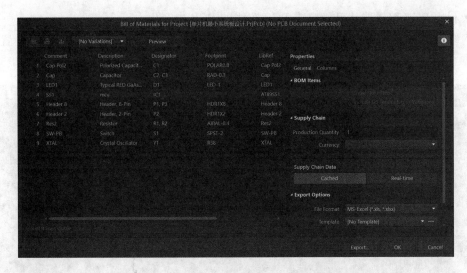

图 4-13　Bill of Materials for Project 对话框

单击 Preview 预览,则直接打开 excel 材料清单报表,如图 4-14 所示。

	A	B	C	D	E	F	G
1	Comment	Description	Designator	Footprint	LibRef	Quantity	
2	Cap Pol2	Polarized Capacitor (Axial)	C1	POLAR0.8	Cap Pol2	1	
3	Cap	Capacitor	C2, C3	RAD-0.3	Cap	2	
4	LED1	Typical RED GaAs LED	D1	LED-1	LED1	1	
5	S51	mcu	IC1		AT89S51	1	
6	Header 8	Header, 8-Pin	P1, P3	HDR1X8	Header 8	2	
7	Header 2	Header, 2-Pin	P2	HDR1X2	Header 2	1	
8	Res2	Resistor	R1, R2	AXIAL-0.4	Res2	2	
9	SW-PB	Switch	S1	SPST-2	SW-PB	1	
10	XTAL	Crystal Oscillator	Y1	R38	XTAL	1	
11							

图 4-14　材料清单报表

4.4　电路原理图网络表及其管理

电路原理图的网络表是用于记录和描述电路中各个元器件的数据及其电气连接关系的。在 Altium Designer 18 以前的版本,原理图的网络表是设计 PCB 和进行电路仿真的关键。Altium Designer 20 提供了集成开发环境,电路原理图的网络表不再是必须生成的数据表,但网络表仍然是电路原理图与 PCB、电路仿真设计交流的重要数据,掌握网络表生成与管理技术对电路分析设计管理具有重要价值。

Altium Designer 20 网络表具有多种格式,常见的有 ASCII 码文本文件格式,电路的网络是连在一起的一组元器件的引脚,一个电路由若干网络组成。网络表的实质是电路原理图的一个完整描述,描述的内容包含两个重要的方面:一是电路原理图中所有元器件的信息,包括元器件的标识、引脚与 PCB 封装信息;二是网络的连接信息,包括网络名称、网络节点。因此,网络表是电路原理图生成 PCB 和 PCB 布线设计的重要基础。

电路网络表的生成方法有三种:

- 由 Altium Designer 20 电路原理图编辑器中的网络表生成工具产生;
- 利用文本编辑器手工完成;

• 利用 PCB 编辑器从已经完成 PCB 布线的 PCB 中产生。

网络表选项设置打开方式是执行 Project→Project Options 命令，打开的设置界面如图 4-15(a)所示，其中 Options 选项卡如图 4-15(b)所示。

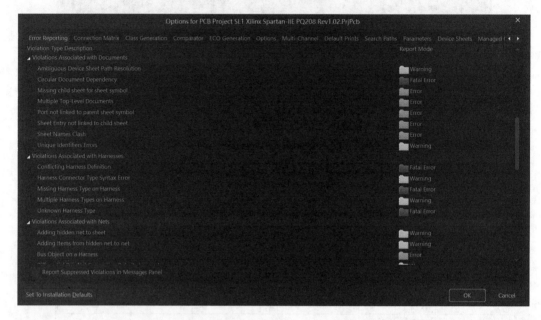

(a)option for PCB Project SL1 Xilinx Spartan-IIE PQ208 Rev1.02

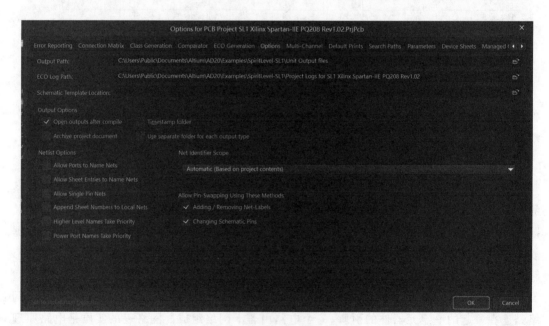

(b)选项设置内容

图 4-15　网络表选项设置

Options 选项卡的基本内容：

(1)Output Path：设置各种网络表的输出路径，系统根据当前工程所在的文件自动选择默认路径：C：\Users\Public\Documents\Altium\AD20\Examples\SpiritLevel-SL1\Unit Output files。使用者可设置更改。

（2）Output Options：用来设置网络表的输出选项，这里默认是 Open outputs after compile（工程编译后生成）。

（3）Netlist Options：用来设置网络表创建的基本条件。

• Allow Ports to Name Nets：用于设置是否允许系统产生的网络名代替与电路输入输出端口关联的网络名，如果所设计的工程只是普通的原理图文件，不包含层次关系，可以勾选此项；

• Allow Sheet Entries to Name Nets：用于设置是否允许用系统产生的网络名代替与图纸入口相关联的网络名，系统默认勾选；

Allow Signal Pin Nets：用于设置生成网络表时，是否允许系统自动将引脚号添加到各个网络名称中；

• Append Sheet Numbers to Local Nets：用于设置生成网络表时，是否允许系统自动将图纸号添加到各个网络名称中，当一个工程中包含多个原理图文档时，勾选该单选框，便于错误查询；

• Higher Level Names Take Priority：用于设置生成网络表时的排序优先权，勾选后系统将电源端口的命名优先权给予更高优先权，一般使用系统默认即可。

◆ 4.4.1 基于单张电路原理图网络表生成方法

这里我们以图 4-16 所示 SL1 Xilinx Spartan-IIE PQ208 Rev1.02 系统为例，介绍单张原理图 Protel 格式的网络表生成过程。

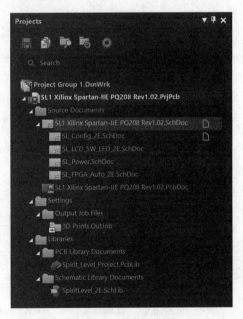

图 4-16 SL1 Xilinx Spartan-IIE PQ208 Rev1.02 系统

Altium Designer 20 为 Protel 格式网络表提供了 Document 网络表和 Project 网络表两种生成方式（见表 4-1），分别执行以下命令：

• Design→Netlist for Document→Protel；

• Design→Netlist for Project→Protel。

表 4-1   **Altium Designer 20 网络表生成菜单与网络表格式**

序号	主菜单	二级菜单	网络表格式
1	Design	Netlist for Project	• Cadnetix 格式 • Calay 格式 • Edif for PCB 格式 • Eesof 格式 • Intergraph 格式 • Mentor Boardstation 格式 • Multiwire 格式
2		Netlist for Document	• OrCAD/PCB 格式 • Pads 格式 • PCAD for PCB 格式 • PCAD 格式 • PCADnlt 格式 • Protel2 格式 • Protel 格式 • Racal 格式 • RINF 格式 • Tango 格式 • Telesis 格式 • Wirelist 格式

SL1 Xilinx Spartan-IIE PQ208 Rev1.02 系统由母图及若干子图（见图 4-17～图 4-21）组成。

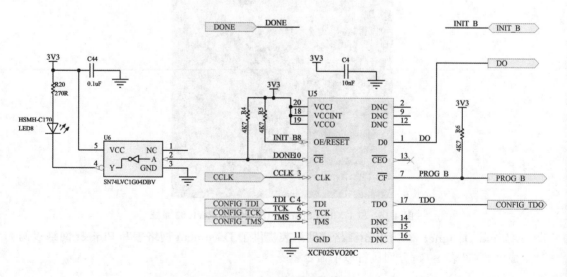

图 4-17   **SL_Config_2E 子图**

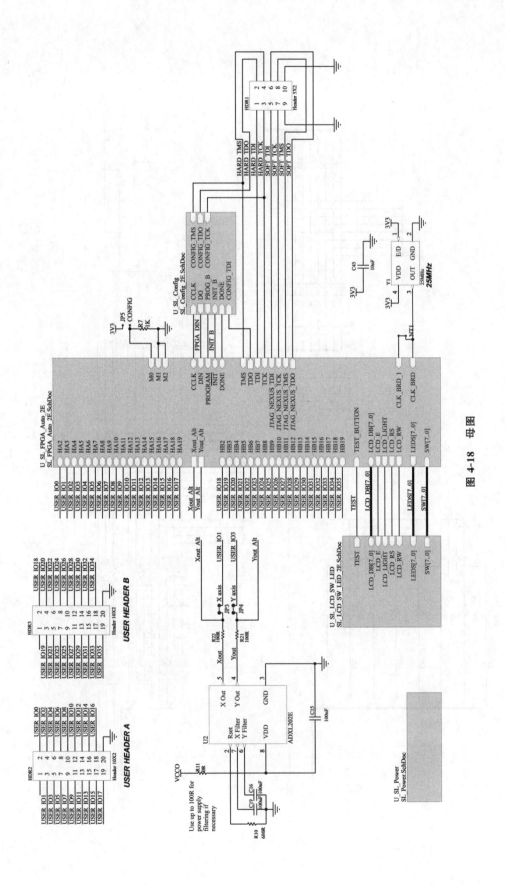

图 4-18 母图

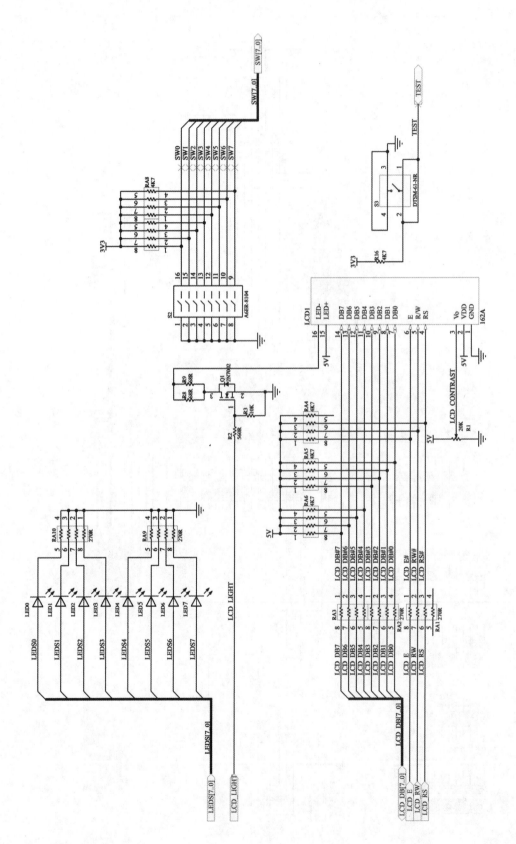

图 4-19　SL_LCD_SW_LED_2E 干图

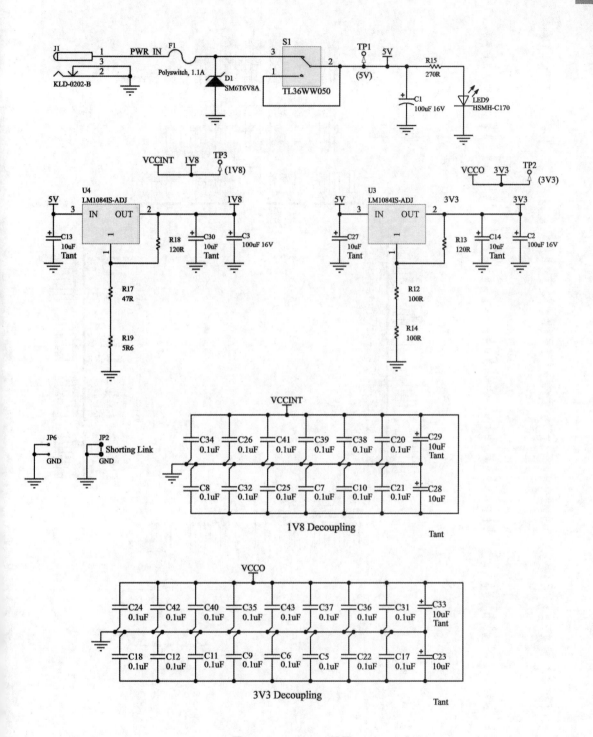

图 4-20   SL_Power 子图

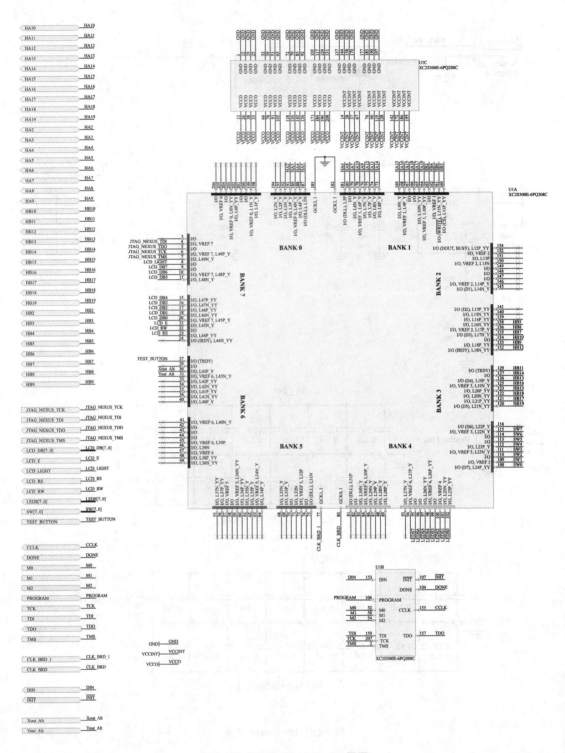

图 4-21   SL_FPGA_Auto_2E 子图

选中每张原理图,执行 Design→Netlist for Document→Protel 命令,生成 Protel 格式网络表,在工程层次结构中产生对应的原理图网络表,如图 4-22 所示。

图 4-22　单张图纸网络表及其特征

◆　4.4.2　基于工程的网络表生成方法

以 SL1 Xilinx Spartan-IIE PQ208 Rev1.02 系统工程为例,执行 Design→Netlist for Project→Protel 命令,如图 4-23 所示,显示出工程的网络表组成。

图 4-23　工程网络表文件结构图

Altium Designer 20 的 Protel 格式的网络表是一个很简单的 ASCII 码文本文件,文本由两部分组成,一是元器件的信息,二是网络信息。元器件的信息由若干小段组成,每一个器件为一个信息段,用"[ ]"分隔,由元器件的标识、封装形式、型号与数值组成;网络信息同样由若干小段组成,由"( )"分隔,由网络名称和网络中具有电气连接关系的元器件引脚组成,如图 4-24 所示。

（a）元器件信息段　　　　（b）网络信息段

图 4-24　Altium Designer 20 的 Protel 格式网络表的组成

4.5　文档文本快速查找与替换操作

◆ 4.5.1　文本的快速查找

文本快速查找用于快速文本编辑处理，文本查找对话框如图 4-25 所示。

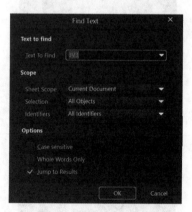

图 4-25　文本查找对话框

文本的快速查找能够迅速定位要编辑处理的 Schematic Text，其各选项功能如下：

· Text To Find 选项：快速查找的文本。

· Scope 选项组：

Sheet Scope：查找的范围包括 Current Document（当前文档）、Project Document（工程文档）、Open Document（打开的文档）；

Selection：查找对象包括 Selected Object（选定的对象）、Deselected Object（非选定对象）、All Object（全部对象）；

Identifiers：包括 All Identifiers、Net Identifiers Only、Designators Only。

• Options 选项组：包括 Case Sensitive（字段敏感）、Whole Words Only（全部文本）、Jump to Results（默认跳转到搜索结果）三个单选框。

◆ 4.5.2 文本替换

文本替换命令用于将电路原理图中的指定文本用新的文本替换掉，当需要将多处相同的文本修改为另外的文本时，该操作十分高效实用。

执行 Edit→Replace 命令，弹出系统的文本替换对话框如图 4-26 所示。

图 4-26　文本替换对话框

• Text 选项组：包括 Text To Find（替换的文本）、Replace With（待替换的文本）两个下拉框；

• Scope 选项组：

Sheet Scope：替换范围包括 Current Document（当前文档）、Project Document（工程文档）、Open Document（打开的文档）；

Selection：替换对象包括 Selected Object（选定的对象）、Deselected Object（非选定对象）、All Object（全部对象）；

Identifiers：包括 All Identifiers、Net Identifiers Only、Designators Only。

• Options 选项组：包括 Case sensitive（字段敏感）、Prompt On Replace（是否需要提示替换确认过程）、Whole Words Only（全部文本）三个单选框。

第5章 PCB 设计

印制电路板 PCB(printed circuit board)几乎会出现在每一种现代电子设备当中,PCB 的主要功能是使各种电子零组件形成预定电路的连接,是电子元器件组成电子产品的重要机械载体和支承,起信号中继传输的作用,是电子产品的关键互连件。印制电路板又称为印制线路板,由于它是采用电子印刷术制造,所以被称为"印刷"电路板。

奥地利人保罗·爱斯勒(Paul Eisler)是印制电路板 PCB 的创造者。

1936 年,保罗·爱斯勒首先在收音机里采用了印制电路板;

1943 年,美国人将该技术运用于军用收音机;

1948 年,美国正式认可此发明可用于商业用途。

自 20 世纪 50 年代中期起,印制电路板才开始广泛运用,PCB 设计技术已经成为现代电子设计自动化的重要内容。PCB 设计是 Altium Designer 20 的重要功能。PCB 设计既要考虑元器件的结构参数和元器件的包装标准,又要考虑 PCB 制造技术中的钻孔、线路、丝印、层压、自动检测等生产工艺要求,还要考虑贴片机、自动编带机、再流焊接机等关键设备的技术要求,以及电子系统结构设计、热设计、EMC 设计的要求,为 PCB 制造、电子产品制造提供重要的设计文件。

5.1 现代 PCB 的功能与类型

◆ 5.1.1 现代 PCB 的功能

PCB 的主要作用体现在:

· 提供集成电路等各种电子元器件固定、装配的机械支承,实现集成电路等各种电子元器件之间的布线和电气连接或电绝缘,提供所要求的电气特性;

· 为自动焊接提供阻焊图形,为元器件插装、检查、维修提供识别字符和图形;

· 电子设备采用印制电路板后,由于同类印制电路板的一致性,避免了人工接线的差错,并可实现电子元器件自动插装或贴装、自动焊接、自动检测,保证了电子产品的质量,提高了劳动生产率,降低了成本,并便于维修;

· 在高速或高频电路中为电路提供所需的电气特性、阻抗特性和电磁兼容特性;

· 内部嵌入无源元器件的印制电路板,提供了一定的电气功能,简化了电子安装程序,提高了产品的可靠性;

· 在大规模和超大规模的电子封装元器件中,为电子元器件小型化的芯片封装提供了有效的芯片载体。

◆ 5.1.2 现代 PCB 的类型

(1)按照 PCB 的层数分,有单面板、双面板、多层板三类。

→单面板(single-sided boards) 在最基本的 PCB 上,零件集中在其中一面,导线则集中在另一面上(贴片元件和导线为同一面,插件器件在另一面)。因为导线只出现在其中一面,所以这种 PCB 叫作单面板。单面板在设计线路上有许多严格的限制(因为只有一面,布线间不能交叉而必须绕独自的路径),只有早期的电子产品和简单的电子产品使用。

→双面板(double-sided boards) 这种电路板的两面都有布线,不过要用上两面的导线,就必须在两面间有适当的电路连接。这种电路间的"桥梁"叫作导孔(via)。导孔是 PCB 上充满或涂有金属的小洞,它可以与两面的导线相连接。因为双面板的面积比单面板大了一倍,双面板解决了单面板中布线交错的难点(可以通过导孔通到另一面),所以它更适合用在复杂电路上。

→多层板(multi-layer boards) 为了增加可以布线的面积,多层板用上了更多单或双面的布线板。用一块双面作内层、二块单面作外层或二块双面作内层、二块单面作外层的印制线路板,通过定位系统及绝缘黏结材料交替在一起且导电图形按设计要求进行互连的印制线路板就成为四层、六层印制电路板了,也称为多层印制线路板。板子的层数并不代表有几层独立的布线层,在特殊情况下会加入空层来控制板厚,通常层数都是偶数,并且包含最外侧的两层。大部分的主机板都是 4~8 层的结构,不过技术上理论可以做到近 100 层的 PCB。大型的超级计算机大多使用超多层的主机板,不过因为这类计算机已经可以用许多普通计算机的集群代替,超多层板已经渐渐不使用了。因为 PCB 中的各层都结合得十分紧密,一般不太容易看出实际数目,不过如果仔细观察主机板,还是可以看出来的。

(2)按照 PCB 材料分。

按照 PCB 材料的刚性分为柔性板(挠性板)、刚性板、软硬结合板三类。

柔性 PCB 克服了刚性 PCB 不可弯曲的缺陷,在现在电子产品的设计中具有重要的地位。

→刚性 PCB 常见厚度有 0.2 mm、0.4 mm、0.6 mm、0.8 mm、1.0 mm、1.2 mm、1.6 mm、2.0 mm 等。刚性 PCB 的常见材料包括酚醛纸质层压板、环氧纸质层压板、聚酯玻璃毡层压板、环氧玻璃布层压板。

→柔性 PCB 常见厚度为 0.2 mm,要焊零件的区域背面会加上加厚层,加厚层的厚度为 0.2 mm、0.4 mm 不等。柔性 PCB 的常见材料包括聚酯薄膜、聚酰亚胺薄膜、氟化乙丙烯薄膜。

还可以按照 PCB 材料的金属性质分为铝基 PCB、非金属基 PCB 两类。

(3)按照 PCB 用途分,有军工 PCB、民用 PCB 两类。

◆ 5.1.3 现代 PCB 设计的基本要求

要使电子电路获得最佳性能,元器件的布局及导线的布设是很重要的。为了设计质量好、造价低的 PCB,一般应遵循以下原则:

(1)布局。

首先要充分考虑 PCB 设计尺寸大小,PCB 尺寸过大,印制线条长,阻抗增加,抗噪声能力下降,成本也增加;PCB 尺寸过小,则散热不好,且邻近线条易受干扰。确定 PCB 设计尺寸后,再确定特殊元件的位置,最后根据电路的功能单元对电路的全部元器件进行布局。确定特殊元件的位置时要遵守以下原则:

• 尽可能缩短高频元器件之间的连线,设法减少它们的分布参数和相互间的电磁干扰。易受干扰的元器件不能相互挨得太近,输入和输出元件应尽量远离。

• 某些元器件或导线之间可能有较高的电位差,应加大它们之间的距离,以免放电引发意外短路。带高电压的元器件应尽量布置在调试时手不易触及的地方。

• 重量超过 15 g 的元器件应当用支架加以固定,然后焊接。那些又大又重、发热量多的元器件,不宜装在印制电路板上,而应装在整机的机箱底板上,且应考虑散热问题。热敏元件应远离发热元件。

• 对于电位器、可调电感线圈、可变电容器、微动开关等可调元件,其布局应考虑整机的结构要求。若是机内调节,应放在印制电路板上方便调节的地方;若是机外调节,其位置要与调节旋钮在机箱面板上的位置相适应。

根据电路的功能单元,对电路的全部元器件进行布局时,要符合以下原则:

• 按照电路的流程安排各个功能电路单元的位置,使布局便于信号流通,并使信号尽可能保持一致的方向。

• 以每个功能电路的核心元件为中心,围绕它来进行布局。元器件应均匀、整齐、紧凑地布置在 PCB 上,尽量减少和缩短各元器件之间的引线和连接。

• 在高频下工作的电路,要考虑元器件之间的分布参数。一般电路应尽可能使元器件平行排列。这样,不但美观,而且装焊容易,易于批量生产。

• 位于电路板边缘的元器件,离电路板边缘一般不小于 2 mm。电路板的最佳形状为矩形,长宽比宜为 3∶2 或 4∶3。电路板面尺寸大于 200 mm×150 mm 时,应考虑电路板所受的机械强度。

(2)布线。

• 输入输出端用的导线应尽量避免相邻平行。最好加线间地线,以免发生反馈耦合。

• 印制电路板导线的最小宽度主要由导线与绝缘基板间的黏附强度和流过它们的电流值决定。当铜箔厚度为 0.05 mm、宽度为 1~15 mm 时,通过 2 A 的电流,温度不会高于 3 ℃,因此导线宽度为 1.5 mm 就可满足要求。对于集成电路,尤其是数字电路,通常选 0.02~0.3 mm 导线宽度。当然,只要允许,还是尽可能用宽线,尤其是电源线和地线。

• 导线的最小间距主要由最坏情况下的线间绝缘电阻和击穿电压决定。对于集成电路,尤其是数字电路,只要工艺允许,可使间距小至 5 μm。

• 印制导线拐弯处一般取圆弧形,直角形或夹角形在高频电路中会影响电气性能。此外,尽量避免使用大面积铜箔,否则,长时间受热时,易发生铜箔膨胀和脱落现象。必须用大面积铜箔时,最好用栅格状,这样有利于散出铜箔与基板间黏合剂受热产生的挥发性气体。

(3)焊盘。

焊盘中心孔径要比器件引线直径稍大一些,焊盘太大易形成虚焊。焊盘外径 D 一般不小于 $(d+1.2)$mm,其中 d 为引线孔径,对高密度的数字电路,焊盘最小直径可取 $(d+1.0)$mm。

5.2 Altium Designer 20 PCB 设计流程

利用 Altium Designer 20 进行 PCB 设计通常要经过系统方案设计、电路仿真、电路原理图绘制、ERC 检查等步骤,最后完成的 PCB 设计提交给 PCB 生产商进行生产,常见的基本工作流程如下:

→按照设计要求绘制系统电路原理图,确定匹配元器件的封装形式;

→规划电路板的边界和布线边界,综合考虑电路板的功能需求、部件和元器件的封装形式、电子连接器及其安装形式;

→设置 PCB 设计环境参数;

→载入网络表,将原理图按照元器件的封装设置要求导入 PCB;

→完成元器件布局(自动与手动结合);

→设置布线规则;

→布线(自动与手动结合);

→DRC 综合校验;

→输出 PCB 设计制造文件;

→提交给 PCB 生产商制造。

5.3 Altium Designer 20 PCB 编辑器界面

Altium Designer 20 PCB 编辑器界面主要包括主菜单(Projects、Navigator、PCB、PCB Filter、Panels)、主工具栏和编辑器窗口等组成部分,如图 5-1 所示。

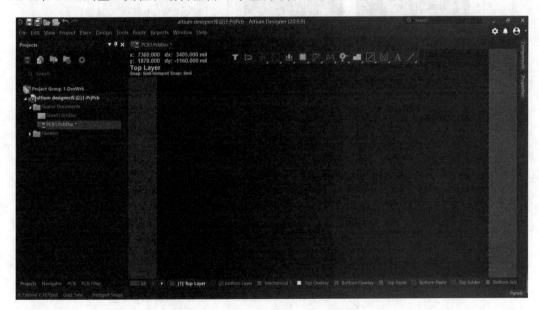

图 5-1　Altium Designer 20 PCB 编辑器界面

Altium Designer 20 PCB 编辑器界面与原理图设计界面一样,其主菜单在 Altium Designer 20 初始界面主菜单的基础上添加了包含 Route 在内的用于 PCB 设计的电路板设置、布局、布线以及工程处理等系列功能。

◆ **5.3.1 Altium Designer 20 PCB 编辑器主菜单功能分析**

Altium Designer 20 PCB 编辑器主菜单包括文件 File、编辑 Edit、视图 View、工程 Project、放置 Place、设计 Design、工具 Tools、布线 Route、报告 Reports、窗口 Windows、帮助 Help。Altium Designer 20 PCB 编辑器主菜单功能如表 5-1 所示。

表 5-1　Altium Designer 20 PCB 编辑器主菜单功能

主菜单	菜单（中英文对照）	菜单功能
1-File		New：新建； Open：打开； Close：关闭； Open Project：打开工程； Open Project Group：打开设计工作区（工作组）； Save：保存； Save As：另存为； Save Copy As：保存副本为； Save All：全部保存； Save Project As：保存工程为； Save Project Group As：保存设计工作区（工作组）为； Import：导入； Export：导出； Import Wizard：导入向导； Run Script：运行脚本； Fabrication Outputs：制造输出； Assembly Outputs：装配输出； Page Setup：页面设置； Print Preview：打印预览； Print：打印； Default Prints：默认打印； Smart PDF：智能 PDF； Recent Documents：最近的文档； Recent Projects：最近的工程； Recent Project Groups：最近的设计工作区（工作组）； Exit：退出
2-Edit		Undo：向前撤销； Redo：向后撤销； Cut：剪切； Copy：复制；

主菜单	菜单（中英文对照）	菜单功能
2-Edit		Copy As Text：作为文本复制； Paste：粘贴； Paste Special：特殊粘贴； Select：选中； DeSelect：取消选中； Delete：删除； Duplicate：橡皮图章； Slice Tracks：裁剪导线； Move：移动； Align：设置对齐； Origin：设置原点； Jump：跳转； Selection Memory：选择存储器； Find Similar Objects：查找相似对象
3-View		Board Planning Mode：板子规划模式（单层模式）； 2D Layout Mode：切换到二维模式； 3D Layout Mode：切换到三维模式； Fit Document：适合文档； Fit Board：适合电路板； Area：区域查看； Around Point：围绕选择点显示； Selected Objects：显示选择对象； Filtered Objects：滤除选择对象； Zoom In：放大； Zoom Out：缩小； Zoom Last：上一次缩放； Flip Board：翻转电路板； Full Screen：全屏； Increase Mask Level：提高屏蔽等级； Decrease Mask Level：降低屏蔽等级； Toolbars：工具栏； Panels：面板； Status Bar：状态栏； Command Status：命令状态； Board Insight：电路板洞察； Connections：连接； Jumpers：跳线； Grids：栅格； Toggle Units：切换单位； Differences：对比

主菜单	菜单（中英文对照）	菜单功能
4-Project		Add New to Project：向已有的工程增加新的设计文档； Add Existing to Project：向已有的工程添加已有的设计文档； Remove from Project：从工程中移除设计文档； Project Documents：工程文件； Close Project Documents：关闭工程文档； Close Project：关闭工程； Show Differences：显示差异； Show Physical Differences：显示物理差异； Component Links：元器件关联； Variants：装配变量管理； Version Control：版本控制； Local History：本地历史； Project Packager：项目打包； Project Releaser：工程发布； Project Options：工程选项
5-Place		Component：器件； Extruded 3D Body：基本 3D 元件体； 3D Body：3D 元件体； Fill：填充； Solid Region：实心区域； Arc：放置圆弧； Line：放置直线； String：放置字符串； Pad：放置焊盘； Via：放置过孔； Track：放置走线； Keepout：禁止层； Polygon Pour：铺铜； Polygon Pour Cutout：多边形铺铜挖空； Slice Polygon Pour：裁剪多边形铺铜； Embedded Board Array/Panelize：拼板阵列； Design View：设计视图； Drill Table：钻孔表； Layer Stack Table：层叠结构表；

续表

主菜单	菜单（中英文对照）	菜单功能
5-Place		Object From File：查找来自文件的对象； Dimension：尺寸标注； Work Guides：工作向导
6-Design		Rules：设计规则； Rule Wizard：规则向导； Board Shape：板子形状； Netlist：网络表； xSignals：X 向信号； Layer Stack Manager：层叠管理器； Manage Layer Sets：管理层设置； Rooms：元器件集合； Classes：类； Make PCB Library：制作工程 PCB 库； Make Integrated Library：制作工程集成库
7-Tools		Design Rule Check：设计规则检查； Reset Error Markers：复位错误标志； Browse Violations：浏览冲突； Browse Objects：浏览对象； Manage 3D Bodies for Components on Board：板上器件的 3D 元件体管理； Polygon Pours：铺铜； Split Planes：分割平面； Component Placement：器件摆放； 3D Body Placement：3D 元件体放置； Re-Annotate：重新标注； Add Designators for Assembly Drawing：添加标号到装配图； Signal Integrity：信号集成度； Update From PCB Libraries：从 PCB 库更新； Pin/Part Swapping：管脚/部件更换； Cross Probe：交叉探针； Cross Select Mode：交叉选择模式； Convert：转换； Via Stitching/Shielding：缝合孔/屏蔽； Remove Unused Pad Shapes：移除未使用的焊盘； Teardrops：滴泪； Equalize Net Lengths：网络等长； Outline Selected Objects：描画选择对象的外形；

续表

主菜单	菜单（中英文对照）	菜单功能
7-Tools		Testpoint Manager：测试点管理器； Preferences：优先选项； Compare and Merge：对比和合并； Import Mechanical Layers：导入机械层； Export Mechanical Layers：导出机械层
8-Route		ActiveRoute：互动布线； Interactive Routing：交互式布线； Interactive Differential Pair Routing：交互式差分对布线； Interactive Multi-Routing：交互式总线布线； Gloss Selected：优化选中走线； Retrace Selected：返回所选项； Interactive Length Tuning：普通网络等长调节； Interactive Diff Pair Length Tuning：交互式差分对网络等长调节； Fanout：扇出； Auto Route：自动布线； Add Subnet Jumpers：添加子网络跳线； Removed Subnet Jumpers：删除子网络跳线； Un-Route：取消布线
9-Reports		Bill of Materials：PCB 材料清单； Project Reports：工程报告； Netlist Status：网络状态信息表； Measure Distance：距离测量； Measure Primitives：基准测量； Measure Selected Objects：选中对象测量； Board Information：板信息
10-Windows		Tile：平铺显示； Tile Horizontally：水平平铺显示； Tile Vertically：垂直平铺显示； Arrange All Windows Horizontally：全部窗口水平显示； Arrange All Windows Vertically：全部窗口垂直显示； Close Documents：关闭当前文档； Close All：关闭所有文档

主菜单	菜单（中英文对照）	菜单功能
11-Help		New in Altium Designer：基于 Altium Designer 新的设计； 　Exploring Altium Designer：探索 Altium Designer； 　Licensing：许可证； 　Shortcut Keys：快捷键； 　User Forums：用户论坛； 　About：相关的信息

◆ **5.3.2 Altium Designer 20 PCB 编辑器主工具栏**

Altium Designer 20 的主工具栏如图 5-2 所示，其集成了主菜单 Place 主要功能，在 PCB 设计中具有重要的作用，具有便捷性、功能丰富的特点。

图 5-2　Altium Designer 20 的主工具栏

过滤工具 Select Filter ：主要实现对 PCB 设计编辑的元件（Components）、3D 元件体（3D Bodies）、禁止对象（Keepouts）、走线（Tracks）、圆弧（Arcs）、焊盘（Pads）、过孔（Vias）、区域（Regions）、铺铜（Polygons）、填充（Fills）、文本（Texts）、元器件集合（Rooms）、其他工程（Other）的显示和关闭。如图 5-3 所示，点击 All-On 全部打开，单击相应的按钮可以关闭/打开相应的项，标签高亮显示表示打开。

图 5-3　过滤工具

对象捕捉 Objects for Snapping ：主要对 PCB 上的对象实现捕捉功能，光标在实际使用中按照 Objects for Snapping 实现对相应的设置对象进行捕捉，如选中过孔中心（Via Centers）方式即实现对过孔中心的捕捉，如图 5-4 所示。可以按照走线顶点（Track Vertices）、走线（Track Lines）、交叉点（Intersections）、焊盘中心（Pad Centers）、焊盘顶点（Pad Vertices）、焊盘边缘（Pad Edges）、过孔中心（Via Centers）、文本（Texts）、区域（Regions）、板形（Board Shape）、封装原点（Footprint Origins）、3D 封装捕捉点（3D Body Snap Points）等方式实现对象捕捉。

移动工具 ：主要实现对象和目标的移动、旋转、拖拽、打断等控制，包括移动对象（Move）、拖拉对象（Drag）、移动和拖拽元件（Component）、重新布线（Re-Route）、断开走线

图 5-4　对象捕捉

段(Break Track)、重新定位走线的结束点(Drag Track End)、移动或重新确定走线(Move/Resize Tracks)、移动选择对象(Move Selection)、根据坐标选择移动对象(Move Selection by X,Y)、旋转选择对象(Rotate Selection)、在 Top 层和 Bottom 层翻转选择对象(Flip Selection),如图 5-5 所示。

选择工具▉▉:主要实现对 PCB 编辑中的对象或目标进行选择,常用的选择方式有选择重叠对象(Select overlapped)、选择下一个对象(Select next)、族选(Lasso Select)、选择区域内对象(Inside Area)、选择区域外对象(Outside Area)、铺铜连接对象(Touching Rectangle)、直线连接对象(Touching Line)、所有对象(All)、电路板(Board)、网络(Net)、连接的铜(Connected Copper)、物理连接(Physical Connection)、单层物理连接(Physical Connection Single Layer)、元件连接(Component Connections)、元件的网络节点(Component Nets)、集合内的连接点(Room Connections)、板层上所有对象(All on Layer)、自由对象(Free Objects)、所有锁定对象(All Locked)、脱离格栅的焊盘(Off Grid Pads)、开关按钮选择(Toggle Selection),如图 5-6 所示。

图 5-5　移动工具　　　　　图 5-6　选择工具

对象排列工具▉▉:对 PCB 上的对象进行排列分布处理。具体功能有组合排列(Align)、元件标识与参数位置(Position Component Text)、左对齐(Align Left)、右对齐(Align Right)、保持间距左对齐[Align Left(maintain spacing)]、保持间距右对齐[Align Right (maintain spacing)]、水平中心对齐(Align Horizontal Centers)、水平均匀分布(Distribute

Horizontally)、水平间距增加(Increase Horizontal Spacing)、水平间距减小(Decrease Horizontal Spacing)、顶端对齐(Align Top)、底端对齐(Align Bottom)、保持间距顶端对齐〔Align Top(maintain spacing)〕、保持间距底部对齐〔Align Bottom(maintain spacing)〕、垂直中心对齐(Align Vertical Centers)、垂直均匀分布(Distribute Vertically)、垂直间距增加(Increase Vertical Spacing)、垂直间距减小(Decrease Vertical Spacing)、对齐到栅格(Align to Grid)、对齐所有的元件顶点到栅格(Move All Components Origin To Grid)。如图 5-7(b)所示对话框可实现对象对齐的组合选择,如图 5-7(c)所示对话框可实现元器件的位置调整。

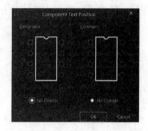

(a)Align 工具功能项　　(b)Align Objects 对话框　(c) Component Text Position 对话框

图 5-7　对齐工具项

元件放置工具：包括 Component、拉伸 3D 元体件(Extruded 3D Body)、3D 元件体(3D Body),如图 5-8 所示。

交互式布线工具：交互式布线工具包括普通的交互式布线工具(Interactive Routing)、交互式差分对布线工具(Interactive Differential Pair Routing)、交互式总线布线(Interactive Multi_Routing)、根据有效工程选择布线工具(ActiveRoute),如图 5-9 所示。

图 5-8　元件放置工具　　　　**图 5-9　交互式布线工具**

交互式布线长度调整工具：该工具实现对交互式布线长度的控制与调整,包括普通网络等长调节(Interactive Length Tuning)和交互式差分对网络等长调节(Interactive Diff

Pair Length Tuning),如图 5-10 所示。

焊盘、过孔放置工具：功能主要有放置焊盘(Pad)和过孔(Via),如图 5-11 所示。

铺铜工具：PCB 的铺铜工具主要有放置铺铜工具(Polygon Pour)、非铺铜区划定工具(Polygon Pour Cutout)、铺铜分隔工具(Slice Polygon Pour),实现对顶层(Top)、底层(Bottom)电路板进行铺铜、非铺铜区设置和铺铜分隔,如图 5-12 所示。

图 5-10　交互式布线长度调整工具　　图 5-11　焊盘、过孔工具　图 5-12　铺铜工具

走线、圆弧工具：走线圆弧工具主要用于绘制走线(Track)、圆弧[Arc(Center)]、多边形填充(Solid Region)和矩形填充(Fill),如图 5-13 所示。

尺寸标注工具：尺寸标注是 PCB 制造几何参数标注的重要工具,包括线(Linear)、角度(Angular)、半径(Radial)等不同的标注方式,如图 5-14(a)所示。

字符串工具：用于在 PCB 上标注文字说明。

绘图工具：绘图基本工具包括绘制直线(Line)、圆弧(Arc)、圆(Full Circle)、矩形填充(Fill)、多边形(Solid Region),如图 5-14(b)所示。

(a)尺寸标注　　　　　　　　(b)绘图

图 5-13　走线、圆弧工具　　　　　图 5-14　尺寸标注工具和绘图工具

5.4　PCB 物理结构与 Altium Designer 20 板层管理

在 Altium Designer 20 PCB 编辑器中,需要对 PCB 的各种属性进行设置,这些 PCB 属性包括板形控制(Board Shape)、PCB 图纸设置、电路板板层设置、层的显示与关闭、层的颜色设置与管理、布线框的设置、PCB 系统参数设置、PCB 设计工具栏的设置,等等。

◆　5.4.1　Altium Designer 20 默认板层及其作用

Altium Designer 20 的 PCB 编辑器在打开情况下,其默认板层如图 5-15 所示,主要包括：

• 两个信号层 Top Layer、Bottom Layer：用于元器件建立电气连接的铜箔层。

• 机械层：机械层 1 用于设置 PCB 的机械加工参数，如电路板的物理边界以及电路板内部比较大的镂空、开孔或异形镗孔，用于 PCB 3D 元体件的放置与显示；机械层 2 一般用于设计 V 形槽，用于 V 形切割边；机械层 3～4 用于放置辅助定义边界和特殊的分隔线；机械层 5～6 用于放置尺寸标准；机械层 7～8 用于放置文本说明板号、版本号、加工说明、设计者、设计日期等基本信息；机械层 13 默认用于描述器件的物理外形，也可用于描述三维实体；机械层 14 的功能同机械层 13；机械层 15 默认用于勾画器件的占位尺寸；机械层 16 的功能同机械层 15。

• 两个丝印层 Top Overlay、Bottom Overlay：用于放置元器件的序号和参数标识以及文字说明。

• 两个锡膏防护层 Top Paste、Bottom Paste：用于添加在电路板外的铜箔。

• 两个阻焊层 Top Solder、Bottom Solder：用于添加电路板的保护覆盖层。

• 过孔引导层 Drill Guide：用于显示钻孔的位置信息。

• 禁止布线层 Keepout Layer：用于设置布线范围。

• 过孔钻孔层 Drill Drawing：用于查看钻孔孔径。

• 多层 Multi Layer：多层叠加显示，用于显示与多个板层的 PCB 细节。

图 5-15　Altium Designer 20 的 PCB 默认板层

◆　5.4.2　Altium Designer 20 板形定义

实际的电路板常常形状各异，因此 Altium Designer 20 设置了用于板形控制的基本功能，使用者可以任意设置电路板的形状并通过 3D 预览核查设计效果。图 5-16 所示是一款圆形电路板。

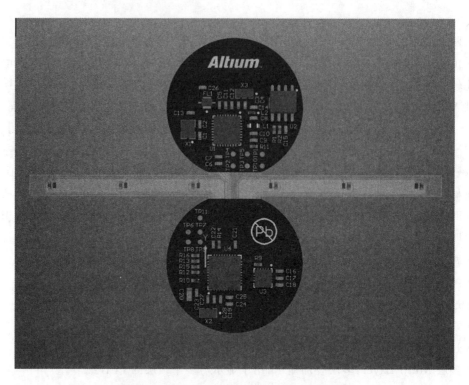

图 5-16　Altium Designer 20 板形设计效果

Altium Designer 20 板形控制方法：首先点击机械层 1，利用绘图工具中的画线工具，按照所设计的电路板规划物理边界，形成闭合面，如图 5-17 所示。Altium Designer 20 提供的板形控制有 4 种方式，分别是从选定的对象定义（Define From Selected Objects）、从 3D 模型实体边界定义（Define From 3D）、根据板子的外形生成线条（Create Primitives From Board Shape）、定义板切割（Define Board Cutout）。

图 5-17　画好的物理边界边框

打开边框属性,单击 🔒 将边框锁定,不予移动定义的边界,如图 5-18 所示。

图 5-18　锁定机械层物理边界边框

(1)从选定的对象定义(Define From Selected Objects)。

在上述定义板的条件下,选中所绘制的边框,选择 Design→Board Shape→Define From Selected Objects,则得到如图 5-19 所示板形。

（a)2D 显示板形　　　　　　　　　　　　　　（b)3D 显示板形

图 5-19　Define From Selected Objects 显示效果

在前述操作下,选择 Design→Board Shape→Define Board Cutout,在图 5-19 所示电路板的下部画出一个长方形切割,则增加切割后的电路板形状如图 5-20 所示。

(2)根据板子的外形生成线条(Create Primitives From Board Shape)。

在上述定义板的条件下,选择 Design→Board Shape→Create Primitives From Board Shape,出现如图 5-21 所示对话框,单击 OK,则得到如图 5-22 所示的边界线条。

(a)添加切割的 2D 显示板形　　　　　　　(b)添加切割 3D 显示板形

图 5-20　切割后的电路板形状

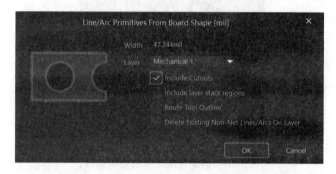

图 5-21　Create Primitives From Board Shape 对话框

图 5-22　Create Primitives From Board Shape 转化边界显示效果

至此我们掌握了 Altium Designer 20 对电路板形状的设计方法,无论是从选定的对象定义(Define From Selected Objects),还是从 3D 模型实体边界定义(Define From 3D)、根据板子的外形生成线条(Create Primitives From Board Shape)、定义板切割(Define Board Cutout),只要配合绘图工具的应用,读者就可以根据电子产品的设计需要来定义各种异形电路板。

◆ 5.4.3　Altium Designer 20 电路板工作层设置

Altium Designer 20 电路板层管器调用通过 Design/Layer Stack Manager 进行管理,该

管理器也可以在 PCB 编辑器界面,将鼠标光标放在任意层标签上右击调出使用。Altium Designer 20 电路板层管器默认图层如图 5-23 所示。

#	Name	Material	Type	Thickness	Weight	Dk	Df
	Top Overlay		Overlay				
	Top Solder	Solder Resist	Solder Mask	0.4mil		3.5	
1	Top Layer		Signal	1.4mil	1oz		
	Dielectric 1	FR-4	Dielectric	12.6mil		4.8	
2	Bottom Layer		Signal	1.4mil			
	Bottom Solder	Solder Resist	Solder Mask	0.4mil		3.5	
	Bottom Overlay		Overlay				

图 5-23　Altium Designer 20 电路板层管器

通过 Altium Designer 20 层管理,我们很方便地添加信号层和内部电源层(中间层),如果需要增加两个内电层,将其置于 Top Layer 之下、Bottom Layer 之上,首先将光标放置在 Top Layer 上,右击调出功能菜单,如图 5-24 所示,选择 Insert layer below→Plane,则自动在 Top Layer 之下添加了一个内电层 Plane。再用同样的方法,选中 Bottom Layer,选择 Insert layer above→Plane,在 Bottom Layer 上增加一个内电层,如图 5-25 所示,使用 Delete layer 可以删除定义的板层。增加了内电层的 4 层板如图 5-26 所示。

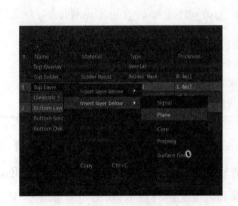

图 5-24　Top Layer 下添加内电层

图 5-25　Bottom Layer 上添加内电层

#	Name	Material	Type	Thickness	Weight	Dk	Df
	Top Overlay		Overlay				
	Top Solder	Solder Resist	Solder Mask	0.4mil		3.5	
1	Top Layer		Signal	1.4mil	1oz		
	Dielectric 2	PP-006	Prepreg	2.8mil		4.1	0.02
2	Layer 1	CF-004	Plane	1.378mil	1oz		
	Dielectric 1	FR-4	Dielectric	12.6mil		4.8	
3	Layer 2	CF-004	Plane	1.378mil	1oz		
	Dielectric 3	PP-006	Prepreg	2.8mil		4.1	0.02
4	Bottom Layer		Signal	1.4mil	1oz		
	Bottom Solder	Solder Resist	Solder Mask	0.4mil		3.5	
	Bottom Overlay		Overlay				

图 5-26　增加了内电层的 4 层板

Altium Designer 20 增加信号层的方法同增加内电层的方法一样,大家可以尝试操作,但是 Altium Designer 20 最多只能添加 32 层内部信号层。

Altium Designer 20 使用者在设计 PCB 时,根据工作需要将在不同的板层上工作,PCB 制造商将各层设计文件分开处理,后期经过层压处理制造出不同功能的电路板。

Altium Designer 20 典型工作层如表 5-2 所示。

表 5-2　Altium Designer 20 典型工作层

序号	类型	特点与作用	备注
1	32 层信号层 (Signal Layers)	Top Layer、Bottom Layer、Mid Layer1～Mid Layer32,铜箔层实现电路的电气连接	
2	16 层机械层 (Mechanical Layers)	Mechanical1～Mechanical16,用于说明电路板机械结构、标注以及加工说明和 3D 元体件,不能完成电气连接特性	
3	16 层内电层 (Internal Planes)	Internal Plane1～Internal Plane16,铜箔层,即中间内电层,内部电源和地线层,用于建立电源和地线网络	
4	4 层防护层 (Mask Layers)	用于保护铜箔,也可放置元器件被焊接到不正确的地方,包括 4 层掩模层:顶层锡膏防护层(Top Paste)、低层锡膏防护层(Bottom Paste)、顶层阻焊防护层(Top Solder)、底层阻焊防护层(Bottom Solder)	各层以不同 颜色显示
5	2 层丝印层 (Silkscreen Layers)	通常也称为图例,用于放置元件标号、文字、数值与符号,以标出元器件在 PCB 上的位置,包括 Top Overlay、Bottom Overlay	
6	其他层 4 层	钻孔层(Drill Guides);钻孔图(Drill Drawing);禁止布线层(Keepout Layer)用于设置闭合的布线范围;多层(Multi_Layers)用于放置穿越多层的元器件或机械加工指示信息	

Altium Designer 20 工作层视图可以通过 Panels→View Configuration 命令进行查看,各工作层定义了显示与隐藏功能,可以单击 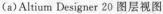 打开对应的图层,层的颜色管理可以通过颜色设置对话框进行,通过 Layer Sets 可以快速选定信号层和内电层进行显示,如图 5-27 所示。

(a)Altium Designer 20 图层视图　　　　　(b)颜色设置对话框

图 5-27　Altium Designer 20 图层视图

将鼠标光标放置在 PCB 编辑器窗口上的任意图层标签上,右击调出如图 5-28 所示的功能菜单,也可以实现图层的显示(show)与隐藏(hide),当前工作图层标签通常以高亮(highlight)显示。

图 5-28　工作图层的显示与隐藏

5.5　Altium Designer 20 PCB 编辑器系统参数设置

利用 Altium Designer 20 PCB Preferences 对话框可以实现 PCB 编辑器的系统参数设置,以满足 PCB 设计工作环境,且不会改变 PCB 的设计文件。PCB 编辑器的系统系数设置对话框如图 5-29 所示。

图 5-29　PCB 编辑器的系统参数设置对话框

Altium Designer 20 PCB Preferences 对话框共有 General、Display、Board Insight Display、Board Insight Modes、Board Insight Color Overrides、DRC Violations Display、Interactive Routing、True Type Fonts、Defaults、Reports、Layer Colors、Models。

◆ **5.5.1 PCB 系统通用参数设置**

PCB 系统通用参数(General)设置对话框如图 5-29 所示。

(1)Editing Options 选项组。

• Online DRC 复选框,当勾选该项时,违反 PCB 设计规则的所有位置都会被标识出来,有利于设计修正,取消勾选时可以通过 Tools→Design Rule Check 进行查看。

• 对象捕捉设置复选框(Object Snap Options),有三种方式可选,分别是中心捕捉、元件捕捉、room 热点捕捉。勾选 Snap To Center,即光标自动捕捉元器件的中心,对焊盘和过孔捕捉中心,对元器件捕捉第一个引脚,对走线捕捉第一个顶点。勾选 Smart Component Snap,会自动捕捉元器件离光标最近的焊盘,取消状态下将捕捉元器件的第一个引脚焊盘。勾选 Snap To Room Hot Spots,光标将捕捉最近的 room 的热点。

• Remove Duplicates 单选框,勾选后,当数据进行传输时重复的数据将被删除。

• Confirm Global Edit 单选框,勾选后,用户在进行全局编辑时将出现对话框,提示当前操作的影响,有利于对设计数据的处理进行确认。

• Protect Locked Objects 单选框,对锁定对象进行提示保护,提示是否继续操作。

• Confirm Selection Memory Clear 单选框,当用户删除存储信息时提示警告,有利于防止误删除。

• Click Clears Selection 单选框,默认勾选。此项未勾选时,当用户选中一个对象再选择另外的对象,第一次选中的对象自动解除选中;勾选此项可以保持第一次选中结果,实现连续选中。

• Shift Click To Select 单选框,勾选后,用户需要在操作 Shift 键的条件下进行对象的选择,默认是非勾选状态。

(2)Other 选项组。

• Rotation Step 文本框,设置元器件旋转的角度步进,默认 90°旋转;

• Cursor Type 下列列表,光标的形状有 Large 90°、Small 90°、Small 45°三种格式;

• Comp Drag 下拉列表,确定拖拽元器件时是否推动元器件所连接的走线,选中 none 则只拖拽元器件,选中 connected tracks 则一起拖动走线。

(3)Metric Display Precision 选项组。

Digits 文本框中的数值是数字精度,用于设置小数点后的保留有效数位,该选项在关闭 PCB 文件及 PCB 库文件条件下方能设置。

(4)Autopan Options 选项组。

• Enable Auto Pan 单选框,勾选后,执行任何编辑操作时以及光标对准活动状态时,将光标移出任何文档视图窗口的边缘,将会导致文档在相关方向平移;

• Style 下拉列表,默认选择自动缩放类型(Adaptive),如图 5-30 所示;

• Speed 文本框,Adaptive 模式下缩放速度设置,即缩放步长控制,基本单位有两种"Pixels/Sec""Mils/Sec",其他模式下由 Step Size 和 Shift Step 文本框设置缩放速度。

图 5-30 视图自动缩放类型

（5）Space Navigator Options 选项。

Disable Roll 单选框，勾选后，则在导航文件过程中不能滚动图纸。

（6）Polygon Rebuild 选项组。

• Repour Polygons After Modification 单选框，勾选后，在铺铜上走线后重新进行铺铜操作时，铺铜将位于走线上方；

• Repour all dependent polygons after editing 单选框，选中此框，在铺铜上走线后重新进行铺铜操作时，铺铜将位于原来位置。

（7）Paste from other applications 选项。

用于设置粘贴格式，有 Metafile 和 Text 两种格式。

（8）Collaboration 选项。

Share file 单选框，用于选择当前 PCB 的共享文件。

（9）Move Rooms Options 选项。

Ask When Moving Rooms Containing No Net/Locked Objects 勾选后，铺铜上走线后重新进行铺铜操作时，铺铜将位于走线上方。

◆ **5.5.2 PCB 系统 Display 参数设置**

Display 参数设置对话框如图 5-31 所示。

图 5-31 Display 参数设置对话框

（1）Display Options 选项。

勾选 Antialiasing On/Off 单选框，开启禁用 3D 抗锯齿模式。

（2）Highlighting Options 选项组。

• Highlight in Full 单选框，勾选后，对象将以当前的颜色高亮突出显示；

• Use Transparent Mode When Masking 单选框，勾选后，掩模时会将其余的对象透

明化；

• Show All Primitives In Highlighted Nets 单选框，勾选后，单层模式下将显示所有层的对象（包含隐藏对象），当前层高亮突出显示；未勾选，系统只显示当前层对象，多层模式下所有层的对象都在高亮的网格线中显示；

• Apply Mask During Interactive Editing 单选框，勾选后，用户在交互式模式下可以使用掩模功能；

• Apply Highlight During Interactive Editing 单选框，勾选后，用户可以在交互式模式下使用高亮显示功能，对象的高亮颜色在视图设置中进行设置。

（3）Layer Drawing Order 列表框。

该列表框用于指定层的顺序。

◆ 5.5.3 PCB 系统 Defaults 参数设置

Defaults 参数是 PCB 设计中使用的对象，默认值一般无须使用者修改，如图 5-32 所示。

图 5-32 Defaults 参数设置对话框

• Primitives 下拉列表：列出所有可以编辑的图元的总分类。

• Primitive List 列表框：列出所有可以编辑的图元对象选项，任意一类图元的属性可以利用 Properties 属性进行编辑。

• Permanent 单选框：用于控制元件标号的递增规律，取消勾选则放置时元件的 designator1 自动递增 1 按顺序放置，下一次放置自动接续序号递增，勾选则每次从 designator1 开始递增。

• Load：用于将其他的参数配置文件导入，加载使用。

• Save As：用于将当前的图元配置参数导出成.dft 文件，以便在其他的工程中使用。

• Reset All：用于恢复系统默认值。

◆ 5.5.4 PCB 系统 Layer Colors 参数设置

PCB 系统 Layer Colors 参数设置对话框如图 5-33 所示,该选项主要对 PCB 编辑器的系统图层颜色进行设置。

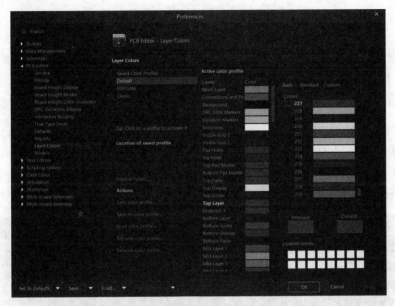

图 5-33 层颜色设置对话框

(1)Saved Color Profiles 选项:配置文件有 Default 格式、DXP2004 格式、Classic(典型的)格式三种,如选择 DXP2004,则 DXP2004 层颜色设置被激活。

(2)Location of saved profile 选项:颜色配置文件的保存路径选择,Explore Folder 用于配置文件夹的设置路径。

(3)Actions 选项:对层颜色配置文件进行管理,包括重命名、移除、加载、另存为、保存等操作。

(4)Active color profile 选项:选择有效的颜色配置文件,有基本(Basic)、标准(Standard)和客户(Custom)三种,如图 5-34 所示。

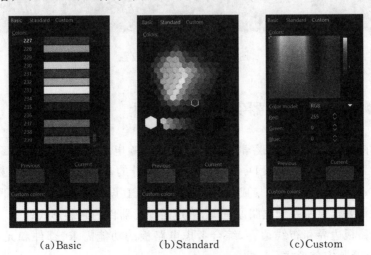

(a)Basic   (b)Standard   (c)Custom

图 5-34 Active 颜色配置工具

系统提供 Set to Defaults 按钮实现系统颜色自动复位为默认值,为方便用户使用自己的设计习惯以免反复设置,用户可以将自己设置好的层颜色设置保存(Save 按钮)为特定的文件(DXP Preferences 格式),下次通过按钮(Load)即可导入颜色设置,一次性完成层颜色的设置,非常便捷。

◆ 5.5.5 PCB 系统 Models 参数设置

PCB 系统 Models 参数项主要用于匹配 PCB 默认的 Models 路径,一般匹配最新打开的 PCB 设计工程作为默认项,如图 5-35 所示。

(1)Model Search Path:PCB 模型默认的搜索路径,单击 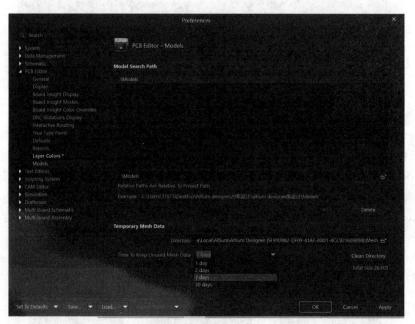 可以选择关联的工程,单击 Delete 按钮可以对关联的工程 Models 进行删除;

(2)Temporary Mesh Data:暂存 PCB 电路网络数据路径,以及保存未使用的网络数据的时间,有 1 day、2 days、7 days、30 days 等几种时间长度选择,选择 Clean Directory 可以清除 PCB 电路网络数据路径。

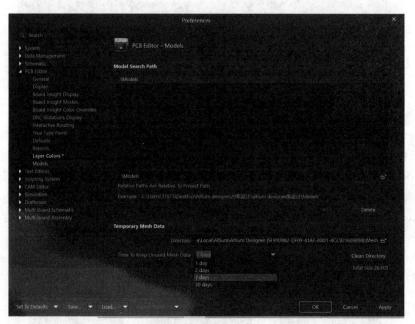

图 5-35   Models 选项设置

5.6 阻容耦合多级放大器实验电路板设计

本节以如图 5-36 所示的"阻容耦合多级放大器实验电路"为例,在完成工程电路原理图设计的基础上,系统介绍 Altium Designer 20 PCB 设计的基本过程以及单面板设计方法。

Altium Designer 20 提供了集成化的设计环境,PCB 设计的基本过程如下:

• 按照设计要求绘制系统电路原理图,确定匹配元器件的封装形式;

• 规划电路板边界和布线边界,综合考虑电路板的功能需求、部件和元器件的封装形式、电子连接器及其安装形式;

• 设置 PCB 设计环境参数;

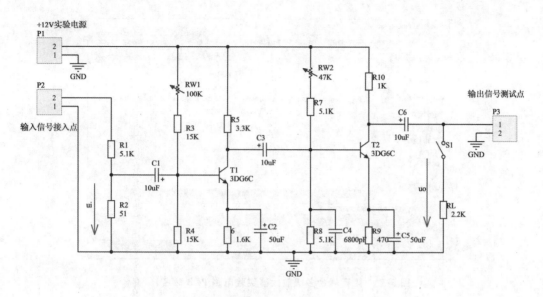

图 5-36　阻容耦合多级放大器实验电路原理图

- 载入网络表,将原理图按照元器件的封装设置要求导入 PCB;
- 元器件布局(自动与手动结合);
- 设置布线规则;
- 布线(自动与手动结合);
- DRC 综合校验;
- 输出 PCB 设计制造文件;
- PCB 生产商制造。

◆　5.6.1　阻容耦合多级放大器实验电路板规划

首先按照 Altium Designer 20 工程新建方法建立阻容耦合多级放大器实验电路板设计工程,在工程下按照原理图设计方法准备好阻容耦合多级放大电路的原理图。

(1)在工程中准备好电路原理图后新建 PCB 文档,执行 New→PCB 命令,打开 PCB 设计编辑器,将 PCB 文件命名为"阻容耦合多级放大器实验电路",单击"保存"按钮保存文件,如图 5-37 所示。

(2)执行 View→Toggle Units 命令切换单位,将单位由英制 mil 改为公制 mm。

(3)单击机械层 1(Mechanical 1)标签,选中机械层 1 为当前工作层。

(4)在 PCB 编辑窗口的左上角设置左边原点(0,0),执行 Edit→Origin→Set 命令设置坐标原点。

(5)选取主工具栏的绘图工具 ,以设定的坐标原点为基准,画电路板的物理边界,通过 Properties 精确设定尺寸,形成闭合面,这里电路板规划为 100 mm×80 mm,如图 5-38 所示。

(6)单击禁止布线层(Keepout Layer)标签,在禁止布线层设置禁止布线范围,同在机械层规划物理边界的方法一样,在机械层 1 物理边界的内部画定禁止布线范围,将禁止布线层设置为 98 mm×78 mm,如图 5-39 所示。

(7)选中机械层定义的物理边界边框,执行 Design → Board Shape → Define From

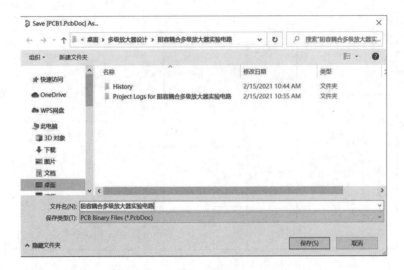

图 5-37　阻容耦合多级放大器实验电路 PCB 命名、保存

图 5-38　在机械层 1 设定电路板的物理边界

图 5-39　绘制禁止布线框

Selected Objects 命令确定板形，再执行 Design→Board Shape→Create Primitives From Board Shape 命令生成电路板边框，如图 5-40 所示，至此电路板的边界规划完成。

（a）板形确定 2D 显示效果 　　　　　　　（b）板形确定 3D 显示效果

图 5-40　板形设置

◆ 5.6.2　阻容耦合多级放大器实验电路网络表与元器件的装入

电路板的物理边界和禁止布线范围确定后，接下来的关键过程是检验原理图网络表的正确性，并将网络表和元器件封装有效地载入 PCB 编辑器中。通常元器件的封装是设计 PCB 的关键，因此如果系统内有有效的封装库作为设计支撑，在载入网络表和元器件的过程中系统将提示用户导入失败。

（1）载入元件封装库，打开 Component 面板，点击 ≡ 打开 Available File-based Libraries，出现如图 5-41 所示的元件库安装对话框，点击 Install 找到对应的元件库完成添加。选中元件库，点击 Move Up 或 Move Down 可将元件库在列表中上移或下移；点击 Remove 可将目前安装的元件库移除；选中对应的元件库，点击 Edit 可实现对元件库的重新编辑。

图 5-41　元件库安装对话框

（2）载入元器件的封装库，根据电路原理图设计的元器件清单，将所选用元器件的封装库全部载入，本次设计载入"Miscellaneous Devices. IntLib""Miscellaneous Connectors. IntLib"。

（3）切换至原理图编辑器，打开原理图文件，选择 Design→Update PCB Document 阻容耦合放大器实验电路.PcbDoc，执行该命令后，出现如图 5-42 所示的 Engineering Change Order 对话框。

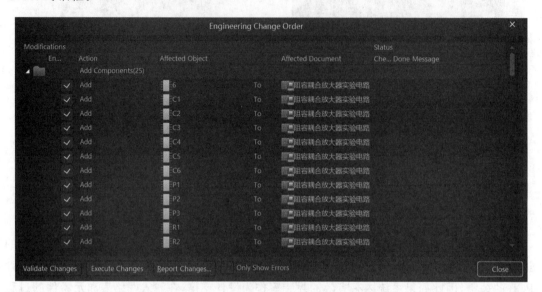

图 5-42   Engineering Change Order 对话框

（4）点击 Validate Changes 按钮，系统扫描所有的更改工程，验证在 PCB 上的更新操作，检查（Check）栏显示 ✓ 则表示设计合乎设计规则，顺利通过设计规则检查，如图 5-43 所示。

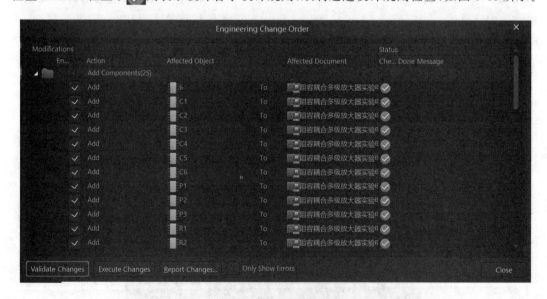

图 5-43   设计规则检查通过

（5）合法性检验通过后，点击 Execute Changes 按钮将原理图网络表导入 PCB，导入成功则 Done 栏显示 ✓，如图 5-44 所示。出现未通过的情况要回到原理图编辑器环境进行电路原理图设计检查，查看封装库中的元器件是否全部匹配。勾选 Only Show Errors 则仅显示不符合规则的检验错误信息,点击 Report Changes 按钮则输出 PCB 工程变化信息。

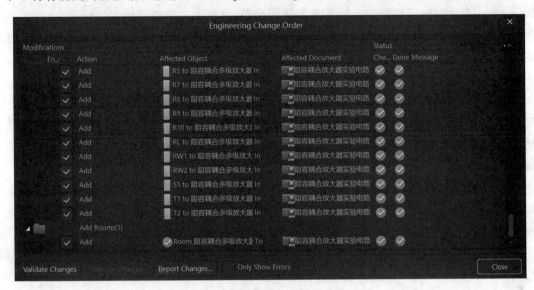

图 5-44　原理图网络表导入成功

（6）点击 Close 结束检查,这时在 PCB 编辑器窗口出现导入后的电子元器件封装模型（见图 5-45）,导入的模型不能直接载入规划的 PCB 内,所有的元器件封装均在系统设置的 room 内,接下来需要将元器件的封装模型按照设计要求布局到规划的 PCB 内。

图 5-45　导入后的电子元器件封装模型

◆　5.6.3　阻容耦合多级放大器实验电路板元器件布局

导入后的元器件并不在所设计的 PCB 布线范围内,因此需要对载入后的元器件比照 PCB 规划好的边界和布线范围进行调整设置,这一操作通常称为元器件布局。元件布局有两种方法实现,一是传统的手工布局,二是利用计算机的数据处理能力实现自动布局。通常自动布局并不完美,还存在不合理的地方,为满足设计者的设计需求,实际的 PCB 设计常常需要自动布局和手动布局协调运用。

（1）元器件自动布局菜单及功能。

Altium Designer 20 提供了强大的 PCB 布局功能,PCB 编辑器根据布局智能算法将元器件有效分开,按照特定的方式将元器件合理分布在布局区域内,执行 Tools→Component Placement 命令则出现如图 5-46 所示的布局子菜单,其基本功能如下:

　　• Arrange Within Room-available in 2D:2D 模式下按照 room 排列,用于在指定空间内部进行元件排列,单击该命令后,光标变成“+”形状,在要排列的元器件空间区域内单击,元器件即自动排列在该空间内部;

　　• Arrange Within Rectangle-available in 2D:2D 模式下按照矩形区域排列,用于在指定矩形区域内部进行元件排列,单击该命令后,光标变成“+”形状,在 PCB 内点击确定矩形的第一个顶点,拖拉光标确定矩形区域的最后一个顶点,则要排列的元器件在该矩形空间区域内自动排列;

　　• Arrange Outside Board-available in 2D:2D 模式下,用于将选中的元器件在板子外排列,首先选中要排列的器件,点击该命令,系统将选中器件自动排列在板子范围以外的右下角区域;

　　• Place From File-available in 2D:2D 模式下,依据文件放置,导入自动布局文件进行布局;

　　• Reposition Selected Components:重新定位元器件,即重新布局;

　　• Swap Components-available in 2D:2D 模式下交换器件,用于交换选中的元器件位置。

图 5-46　元件布局子菜单

　　现在我们来执行 Tools→Component Placement→Arrange Within Room-available in 2D 命令,将鼠标光标“+”放在如图 5-47 所示的 room 上,单击,则自动布局的结果如图 5-48 所示。

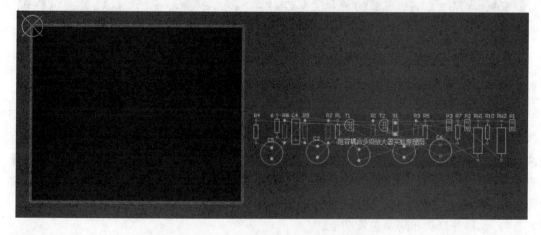

图 5-47　Arrange Within Room 布局前

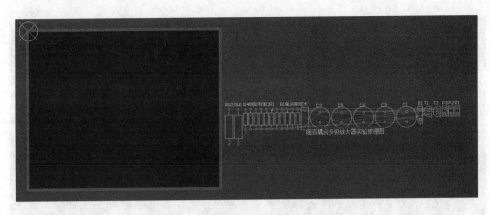

图 5-48　Arrange Within Room 布局后

接下来演示手动将元器件放置在 PCB 布线区的操作步骤,首先选中所有元件,见图 5-49(a),执行 Tools→Component Placement→Arrange Within Rectangle-available in 2D 命令后,在 PCB 布线区从左上角到右下角拉出矩形框,则执行矩形区域内自动布局,效果如图 5-49(b)所示。

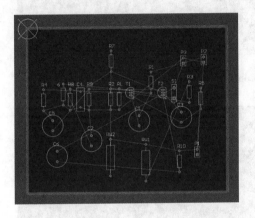

(a)布局前

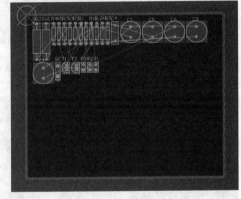

(b)布局后

图 5-49　Arrange Within Rectangle 布局

(2)元器件布局参数设置。

Altium Designer 20 为使用者提供了 PCB 设计元器件自动布局约束参数设置功能,根据工程实际合理地设置元器件自动布局参数将有利于布局,相对减少手动布局的工作量,能节省工程开发时间。在需要布局的 PCB 编辑器当前工作窗口下,Altium Designer 20 元器件自动布局参数调用方法是执行 Design→Rule 命令,系统自动弹出 PCB Rules and Constraints Editor 对话框,如图 5-50 所示,选择 Placement,可以实现自动布局参数的优化设置。

Placement 选项下有 Room Definition、Component Clearance、Component Orientations、Permitted Layers、Nets to Ignore 和 Height 选项。

①Room Definition 选项对话框如图 5-51 所示:

• Room Locked 单选框:勾选则可以锁定 room 区域,以防止在自动布局以及手动布局下该 room 中的元器件被移动;

• Components Locked 单选框:勾选则锁定相应区域中的元器件,在自动布局以及手动布局下保持该部分的元器件稳定;

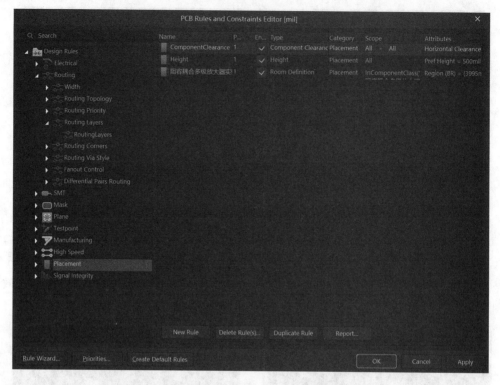

图 5-50　PCB Rules and Constraints Editor 对话框

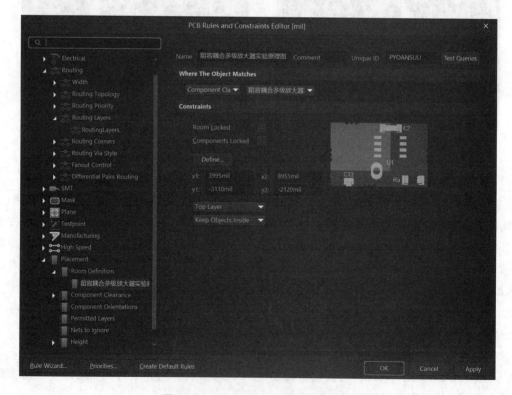

图 5-51　Room Definition 选项对话框

· Define 按钮：点击该按钮，光标将变成"＋"形状，移动鼠标可以在工作窗口中定义

room 的范围和位置;

　　• x1,y1,x2,y2 文本框:显示 room 的左下角和右上角的坐标值;

　　• Layer 下拉框:标识 room 所在的工作层;

　　• Keep Objects Inside/Outside:标识 PCB 对象与 room 的关系(Inside or Outside)。

②Component Clearance 选项对话框如图 5-52 所示:

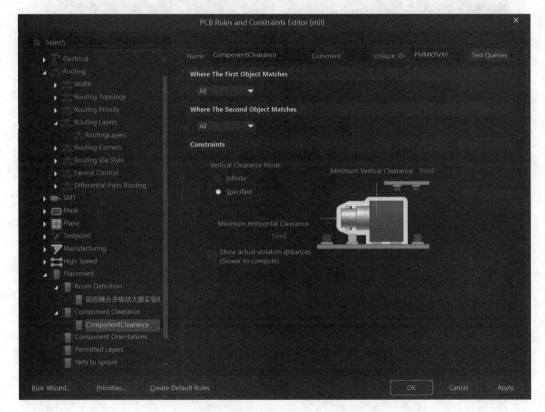

图 5-52　Component Clearance 选项对话框

　　• Infinite 单选按钮:用于设置最小的水平间距,当元器件间的间距小于该设定数值时将视为违反规则;

　　• Specified 单选按钮:用于设置最小的垂直间距,当元器件间的间距小于该设定数值时将视为违反规则;

　　③Component Orientations 选项:用于设置 PCB 上元器件的旋转角度,对应 0°、90°、180°、270°旋转角度设置,也可以勾选 All Orientation 对所有元件实施旋转操作。

　　④Permitted Layers 选项:用于设置 PCB 上允许放置元器件的工作层,通常双面板以及多层板的 Top Layer 和 Bottom Layer 都可以放置元器件,当单面板设计时只允许顶层放置元器件。

　　⑤Nets to Ignore 选项:当采取群组放置方式时执行元器件自动布局需要忽略布局网络,该选项用于设置此项功能。忽略布局网络一般可以提升复杂 PCB 的自动布局效率。

　　⑥Height 选项:图 5-53 所示是 Height 选项对话框,用于定义元器件的高度,考虑到特殊高度的元器件对自动布局的影响,可以设置最小高度(Minimum)、参考高度(Preferred)、最大高度(Maximum)等。

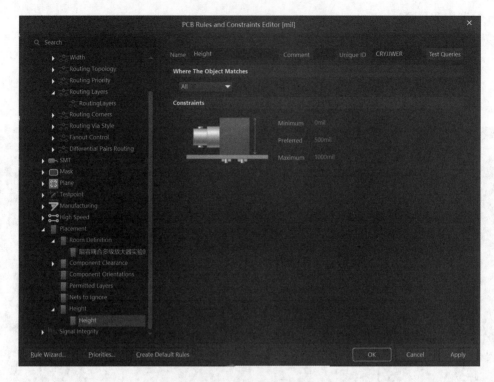

图 5-53　Height 选项对话框

(3)元器件手动布局。

手动布局就是人工手动调整元器件在 PCB 上的位置,手动布局的基本方法是:

首先进行手动布局的粗调,人工对元器件进行移动、旋转(捕捉对象下按 Space 键)、镜像(捕捉对象下按 X 键在水平方向镜像操作,按 Y 键在垂直方向镜像操作)等操作,在 PCB 平面内实现;

其次进行手动布局的细调,借助编辑(Edit)下的元器件排列工具(Align)实现对元器件的精确对齐、排列分布,在 PCB 平面内实现;

最后对手动布局的元器件说明文字进行全局调整,选择 Edit→Align→Component Text Position 进行统一设置,如图 5-54 所示,该操作具有全局意义,可一次性实现对所有元器件的说明性文字进行位置调整,每个选项具有 9 个位置设置选项。

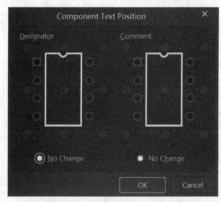

图 5-54　元器件文字说明位置设置

　　由于该电路元器件的数量比较少，电路简单，本节采用手动布局。首先选中 PCB 编辑器视图中红色的 room，单击 Delete 删除 room，再根据阻容耦合多级放大器实验电路原理图将元器件按照顺序在 PCB 上进行布局。Altium Designer 20 工作方式采取的是分层处理，单击 Top Layer 标签，将顶层设置为当前工作层，将元器件一个一个地按照原理图的顺序进行布局，借助 Edit 中的 Align 工具进行元器件的分布对齐处理，手动调整布局好的结果如图 5-55 所示。

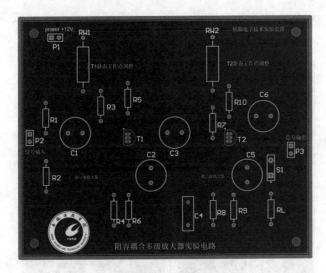

图 5-55　元器件的手工布局排列

　　(4)导入元器件自动布局文件进行 PCB 布局。

　　Altium Designer 20 提供了采用布局文件导入法进行 PCB 元器件布局的高级方法，本质是导入自动布局的控制策略，但通过导入布局文件(. plk)进行设计比较少见，这是因为自动布局具有自身的局限性。实际工程设计中，掌握自动布局结合手动布局的方法才是一个优秀 PCB 设计工程师的基本素质。

　　自动布局文件导入法通过执行 Tools→Component Placement→Place From Files 命令完成，如图 5-56 所示。

图 5-56　自动布局文件导入过程

◆ **5.6.4 阻容耦合多级放大器实验电路板安装孔设计与功能文字标识**

根据电子产品设计的安装要求,下面在阻容耦合多级放大器实验电路板上添加安装孔,安装孔采用金属孔设计,PCB 的四角位置各设计一个金属安装孔,采用放置焊盘的方法设计,安装孔半径为 2.8 mm、焊盘半径为 3 mm,孔中心距物理边界各 5 mm。

选中 Top Layer 选择 PCB 主工具栏 Place Pad 工具,在 PCB 的四个角各放置一个焊盘,调出焊盘的 Properties 属性面板,如图 5-57 所示,精确设置金属安装孔的尺寸和位置(5 mm,−5 mm)、(95 mm,−5 mm)、(5 mm,−75 mm)、(95 mm,−75 mm)。

图 5-57 金属安装孔尺寸与位置设置

单击顶层丝印层(Top Overlay),使用 PCB 主工具栏字符串工具,标注"阻容耦合多级放大器实验电路""模拟电子技术实验套件""第一级放大器""第二级放大器""T1 静态工作点调整""T2 静态工作点调整"等说明性字样,以满足该电路板设计后模拟电子技术实验需要,如图 5-58 所示。

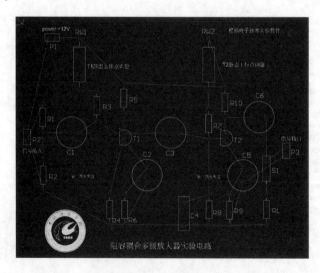

图 5-58 电路板顶层丝印层(Top Overlay)信息标注

◆ 5.6.5　PCB 的 3D 视图

Altium Designer 20 提供了 3D 视图用于使用者对 PCB 设计效果进行预览、设计检查。借助 3D 视图效果实现对手工布局的检查，以便确定手动布局的效果是否符合社会要求。

（1）3D 视图的切换。

单击 View 菜单下的 3D Layout Mode 即切换到 3D 视图。直接使用鼠标滚轮可控制 3D 视图上下移动，按 Shift 键后使用鼠标滚轮可控制 3D 视图左右移动；按 Shift 键后待出现旋转球，按住鼠标右键移动鼠标可进行 3D 模型空间转动，以便对电路板不同方向进行检查。

（2）3D 浏览区打开、关闭与使用。

单击编辑器右下角的 Panels 面板控制，打开 PCB，则 3D 浏览区打开，如图 5-59 所示。拉动左下角预览区白色的浏览框则可以控制 3D 主视图跟随鼠标移动，浏览 PCB 的不同位置设计效果。

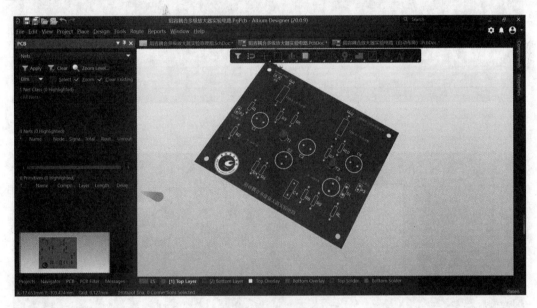

图 5-59　3D 浏览区

浏览区设置有高亮网络显示模式，常见的有 Normal（正常）、Mask（遮挡）、Dim（变暗）三种模式，用户通过下拉列表进行选择，默认使用 Normal 模式。

• Normal 模式：直接高亮显示用户选择的网络或元器件，其他网络或元器件显示方式不变；

• Mask 模式：直接高亮显示用户选择的网络或元器件，其他网络或元器件显示灰色，对比度增强；

• Dim 模式：直接高亮显示用户选择的网络或元器件，其他网络或元器件按照色阶变暗显示，层次性增强。

3D 显示模式的控制项有 Select（选择）、Zoom（缩放）、Clear Existing（清除现有的）三种，其功能如下：

• Select 单选框：勾选后，在高亮显示的同时选中用户指定的网络或器件，如图 5-60 和图 5-61 所示；

・Zoom 单选框：勾选后，系统自动将网络或元器件所在区域完整地显示在用户可视范围内，如果所选网络或元器件所在区域比较小则自动放大显示；

・Clear Existing 单选框：勾选后，系统自动清除所选定的网络或元器件。

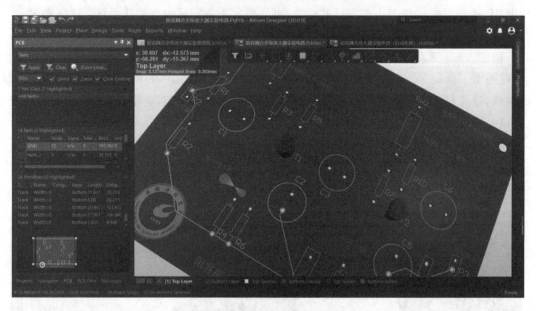

图 5-60　高亮显示所选网络效果

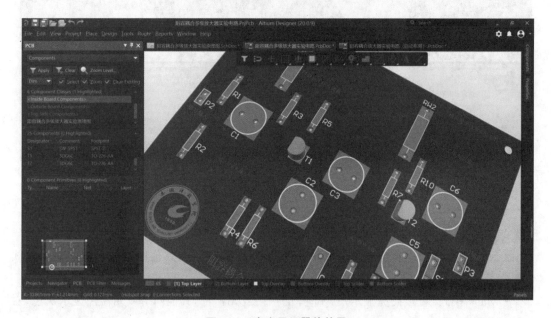

图 5-61　高亮显示器件效果

（3）3D 显示模型材质选择。

选择 3D Models，图 5-62 所示是 3D Models 界面，该区域用于控制 3D 效果图中模型材质的显示方式，如图 5-63 所示。通过下拉列表可以选择 Solid（实体）、Hide（隐藏）、75%Opacity（75%不透明）、50%Opacity（50%不透明）、25%Opacity（25%不透明）。

（4）View Configuration 面板中 3D 视图参数设置。

Altium Designer 20 在 PCB 编辑器中，面板 Panels 按钮列表下 View Configuration 面

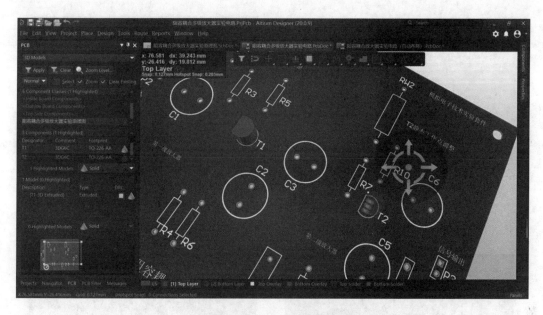

图 5-62　3D Models（T1 Solid、T2 50％Opacity）

图 5-63　3D Models 材质显示方式

板中 View Options 选项卡用于显示 3D 的基本设置，不同编辑器下的面板显示略有不同，以下阐述 3D 模式下面板参数的设置方法。

• General Settings 选项组与 3D 主体：

Configuration：下拉列表中有三维视图显示模式 10 种，加上默认的分别是 Altium Standard 2D、Altium Transparent 2D、Altium 3D black、Altium 3D blue、Altium 3D brown、Altium 3D color by layer、Altium 3D DK green、Altium 3D LT green、Altium 3D red、Altium 3D white。图 5-64 是不同显示效果的对比图。

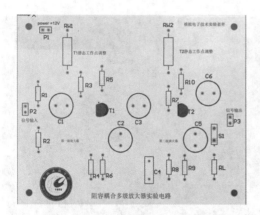

（a）Altium 3D white

（b）Altium 3D black

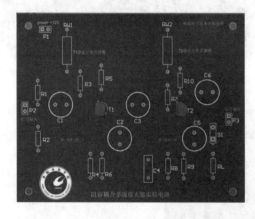

（c）Altium 3D blue

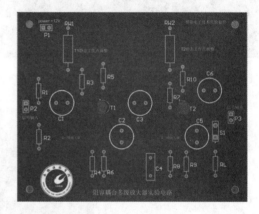

（d）Altium 3D red

图 5-64 不同 3D 显示模式下的效果对比图

3D：控制电路板 3D 显示的开关（On/Off），与菜单 View 下的 3D 具有同样的功能；

Signal Layer Mode：控制 3D 显示模式下信号层的显示模式，具有 On/Off/Mono 单层模式控制功能；

Projection：投影显示模式，包括 Orthograph（正射投影）、Perspective（透视投影模式）；

Show 3D Bodies：控制 3D 封装的元器件 3D 模型显示。

• 3D Setting 选项组：

用于设置 PCB 的 3D 厚度，显示颜色模式、板层的透明度。Board Thickness（Scale）选项通过拖动滑块设置电路板的 3D 厚度，按比例显示；Colors 选项设置电路板的 3D 颜色模式，包括 Realistic（逼真效果）和 By Layer（随板层效果）；Layer 选项用于在列表中设置不同板层的透明度，通过拖动 Transparency 栏下的滑动块来设置，如图 5-65 所示。

• Mask and Dim Settings 选项组：

该选项组用来对 Objects（对象）进行屏蔽、调光和高亮显示的设置。Dimmed Objects 屏蔽对象用于设置对象的屏蔽程度；Highlighted Objects 高亮对象用于设置对象的高亮程度；Masked Objects 调光对象用于设置对象的调光程度。

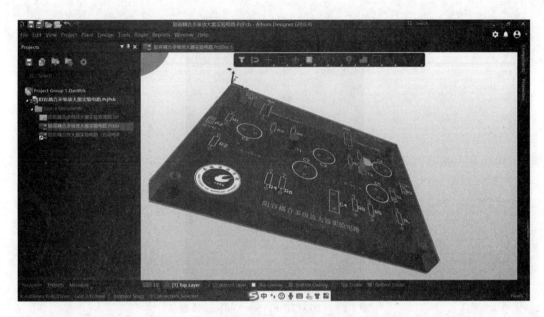

(a)增厚、Realistic(逼真)模式

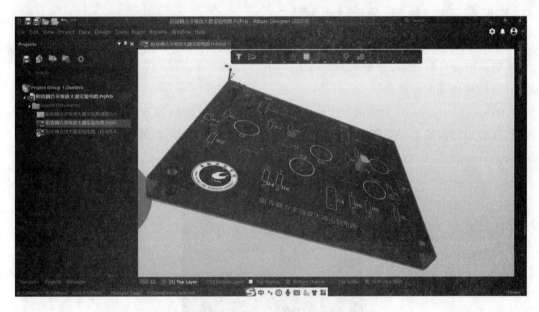

(b)增厚、By Layer(随板层)模式

图 5-65 3D 显示电路板增厚与逼真、随板层效果

• Additional Options 选项组：

在 Configuration 下拉列表中选中 Altium Standard 2D 或选择 View→2D,切换到 2D 模式下,电路板的面板设置如图 5-66 所示。Additional Options 包含 11 种控件,允许配合各种显示设置。

• Object Visibility 选项组：

在 2D 模式下添加 Object Visibility 选项组,在该选项组下可设置电路板的不同对象的透明度(虚化)和是否添加草图效果。

图 5-66　2D 视图下 View Options 设置

◆ **5.6.6　PCB 的 3D 显示动画制作**

Altium Designer 20 集成了 3D 动画制作功能,使用者可以方便地将自己的设计成果以 3D 动画的形式进行发布,有利于产品的推广和宣传。

(1)三维动画制作流程。

Altium Designer 20 集成的 3D 动画制作功能在 PCB 编辑器下,单击右下角的 Panels 按钮,在弹出的快捷菜单下选择 PCB 3D Movie Editor,打开 3D 动画制作对话框,如图 5-67 所示。

图 5-67　3D 动画制作对话框

• Movie Title 选项组:在 3D Movies 模式下,执行 New 命令,用于创建 PCB 文件三维模型动画,默认名称为"PCB 3D Video"。

• PCB 3D Video 选项组:用于创建 3D 动画的关键帧。

第一步:在 Key Frame 下选择 New→Add,创建第一帧信号,该帧制作 3D 显示移动画面,电路板如图 5-68(a)所示。

第二步:继续在 Key Frame 下选择 New→Add,创建第二帧信号,该帧制作 3D 显示缩放画面,持续时间 3 s,电路板如图 5-68(b)所示。

第三步:继续在 Key Frame 下选择 New→Add,创建第三帧信号,该帧制作 3D 显示空间旋转画面,持续时间 3 s,电路板如图 5-68(c)所示。

根据动画制作需要,可以依次添加制作多帧特效画面,单击 PCB 3D Movie Editor 面板的动画播放按钮▶,可预览动画制作效果,如图 5-69 所示。

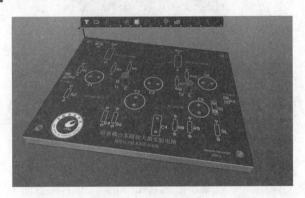

(a)第一帧初始视图

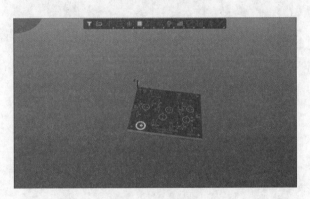

(b)第二帧缩放视图

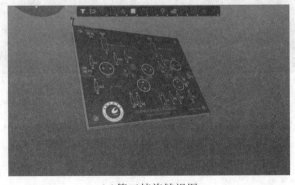

(c)第三帧旋转视图

图 5-68 3D 动画关键帧

图 5-69   动画播放

(2)三维动画文件输出。

Altium Designer 20 制作完成的 3D 动画可以根据需要以 flash video 格式发布,文件编辑与发布的基本方法如下:

第一步:选择 File→New→Output Job,弹出如图 5-70 所示的输出文件编辑器。Variant Choice 用于设置输出文件中的变量保存模式,Outputs 显示不同的输出文件类型。

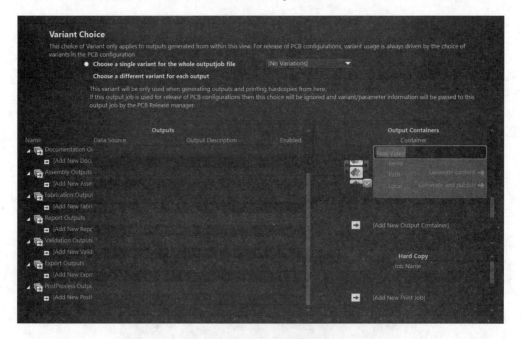

图 5-70   3D 动画文件编辑器

第二步:在需要添加的文件类型 Documentation Outputs 下单击 Add New Documentation Output 弹出选项表,选择 PCB 3D Video,选择制作动画的 PCB 源文件(阻容耦合多级放大器实验电路)作为 3D 动画的文件基础,加载过程如图 5-71 所示,文件加载效果如图 5-72 所示。

第三步:现在进行 PCB 3D Video 文件配置,将光标置于加载文件"阻容耦合多级放大器实验电路.PcbDoc"上,右击导出功能菜单,单击配置(Configure)菜单,单击 OK 选择默认输出视频配置,如图 5-73 所示。

图 5-71　3D 动画制作原 PCB 文件加载过程

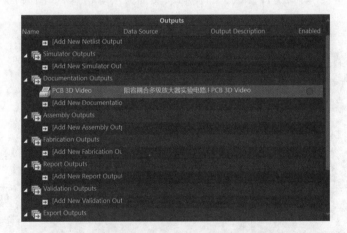

图 5-72　3D 动画制作原 PCB 文件加载效果

（a）功能菜单调出　　　（b）默认配置制作的动画文件

图 5-73　输出文件配置方法

第四步：单击 Enabled 栏的单选框 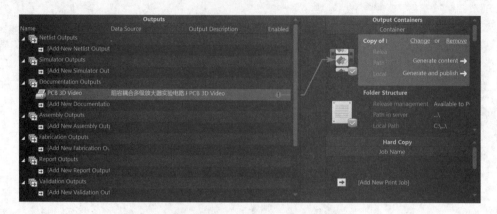，如图 5-74 所示，建立加载文件，与输出文件容器的数据链接。

图 5-74　加载文件与输出文件容器的数据链接

Output Containers 选项组：用于设置加载文件的保存路径等文件格式信息。

Add New Output Container：选择加载文件配型，这里加载 New Video；

Change 命令用于调出视频设置对话框 Copy of New Video Settings，视频设置对话框用于设置预览生成路径、动画文件参数、文件格式、文件大小等信息，如图 5-75 所示。

图 5-75　3D Video 输出文件格式设置

Advanced 高级选项设置项：Type 下拉列表是输出动画的视频格式选项，Format 下拉列表用于设置视频数据格式；Size 画面像素大小可以根据实际需要选择设置。

Output Management 设置项是输出文件路径管理；Release Managed 将视频发布在系统默认路径；Manually Managed 将视频发布在使用者选定的路径；Use Relative Path 将视频

发布在 PCB 设计文件夹中。

第五步：单击 Generate Content，系统自动生成 3D 视频并将其保存在设置的路径下，如图 5-76 所示。

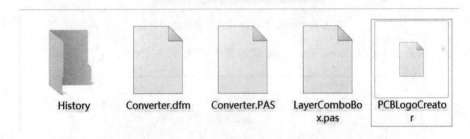

名称	修改日期	类型	大小
History	2/15/2021 10:50 PM	文件夹	
Project Logs for 阻容耦合多级放大器实验电路	2/15/2021 4:14 PM	文件夹	
Job1	2/16/2021 10:48 AM	Windows Media Pla...	3,268 KB
阻容耦合多级放大器实验原理图	2/15/2021 8:24 PM	Altium Schematic D...	143 KB
阻容耦合多级放大器实验电路	2/15/2021 10:50 PM	Altium PCB Docum...	1,032 KB
阻容耦合多级放大器实验电路	2/15/2021 8:24 PM	Altium PCB Project	39 KB

图 5-76　Use Relative Path 模式下生成的 3D 视频文件

◆ 5.6.7　PCB 上添加 Logo 的方法

前面学习了在 Top Overlay 层添加实验电路说明文字的方法，大家可以灵活地在 PCB 的顶层丝印层（Top Overlay）、底层丝印层（Bottom Overlay）与顶层（Top Layer）、底层（Bottom Layer）上添加和设置 PCB 文字。本节将介绍利用第三方脚本工具实现将公司 Logo（以安徽科技学院校徽 Logo 为例）添加到 PCB 的顶层、底层或顶层丝印层、底层丝印层上的基本方法。

图 5-77 所示是第三方脚本 PCB Logo Creator 工具的文件组成。

History	Converter.dfm	Converter.PAS	LayerComboBox.pas	PCBLogoCreator

图 5-77　PCB Logo Creator 工具

Logo 设计的基本步骤如下：

第一步：从互联网网站下载安徽科技学院校徽 Logo（彩色）图片（.jpg），将其保存在计算机中备用，再利用计算机自带的绘图小程序（或 Photoshop 等专业图片处理软件）打开安徽科技学院校徽 Logo（彩色）图片，将其另存为单色图片（.bmp），如图 5-78 所示。

(a)彩图(.jpg 格式)Logo　　　　(b)单色图(.bmp 格式)Logo

图 5-78　LOGO 图片(.bmp)准备

第二步：在 PCB 编辑器中，选择 File→Run Script 运行脚本，如图 5-79 所示。

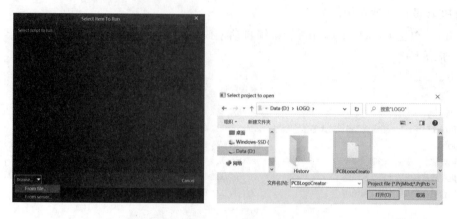

图 5-79　运行 PCB Logo Creator 的方法

启动 PCB Logo Creator 后的界面如图 5-80 所示。

图 5-80　PCB Logo Creator 脚本运行界面

第三步：双击 RunConverterScript，出现如图 5-81 所示对话框。

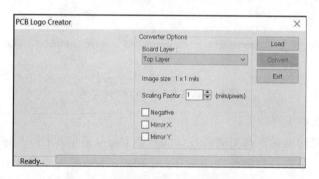

图 5-81　PCB Logo Creator 转换对话框

通过 Load 按钮添加安徽科技学院校徽 Logo，还可以通过 Board Layer 将 Logo 转换到对应的 PCB 层以及对图片大小比例进行设置，实现对成品 Logo 大小的控制设计，如图 5-82 所示。

完成 Logo PCB 转换层设置和大小控制设计后，单击 Convert 进行转换，转换时间由 Logo 尺寸与像素决定，转换过程如图 5-83 所示。

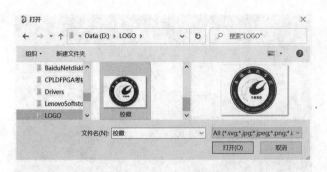

图 5-82　PCB Logo Creator 选择安徽科技学院校徽 Logo 方法

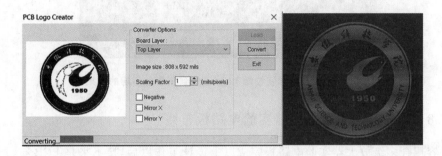

（a）Logo 在 Top Layer 层转换效果

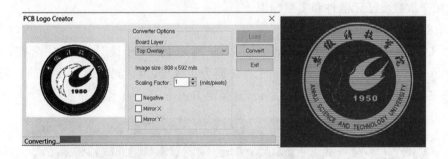

（b）Logo 在 Top Overlay 层转换效果

图 5-83　Logo 在顶层（Top Layer）和顶层丝印层（Top Overlay）的转换效果

第四步：选中生成的 Logo，复制粘贴到 PCB 的合适位置即可，图 5-84 所示是在顶层丝印层设计的 Logo 的 2D、3D 效果图。

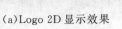

（a）Logo 2D 显示效果

（b）Logo 3D 显示效果

图 5-84　安徽科技学院校徽 Logo 在 500 mA 恒流源电路板上的制作效果图

学习了在 PCB 上制作 Logo 的方法，我们不难在阻容耦合多级放大器实验电路板上添加安徽科技学院校徽 Logo，如图 5-85 所示。

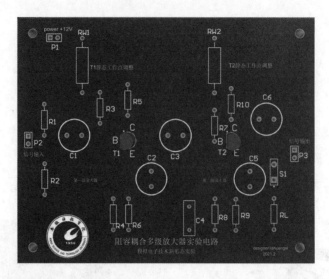

图 5-85　安徽科技学院校徽 Logo 添加到顶层丝印层的效果图

◆ **5.6.8　阻容耦合多级放大器实验电路板布线**

对阻容耦合多级放大器实验电路板完成以上设计工作以后,接下来是 PCB 布线关键步骤,我们将该电路板设计为单面板,因此 PCB 线路的布线只控制在 Bottom Layer 层,Top Layer 层用于放置电子元器件和文字标识。

(1)单面板设计规则控制。

选择 Design→Rules 菜单,调出如图 5-86 所示的 PCB 设计规则对话框,Altium Designer 20 默认 Top Layer 和 Bottom Layer 同为布线层,为达到单面板设计的目的,这里取消勾选 Enabled Layers 中的 Top Layer,只保留 Bottom Layer 作为布线层。

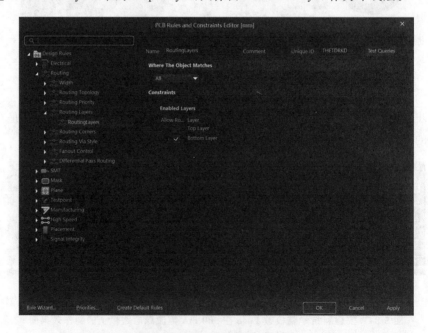

图 5-86　PCB 设计规则对话框

（2）自动布线。

图 5-87 是具有预拉线尚未布线的 PCB，选择 Route→Auto Route→All 调出自动布线设置对话框，如图 5-88 所示，将布线宽度参数设置为 2 mm，如图 5-89 所示，单击 Route All 完成自动布线。开启自动布线后，系统产生的布线信息供使用者参考分析，完成布线后的效果如图 5-90 所示。

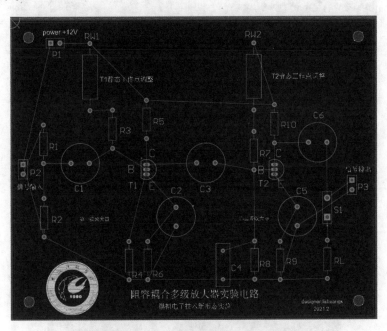

图 5-87　具有预拉线尚未布线 PCB

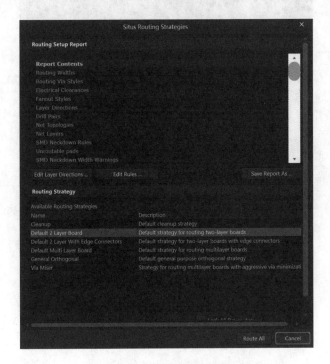

图 5-88　自动布线设置对话框

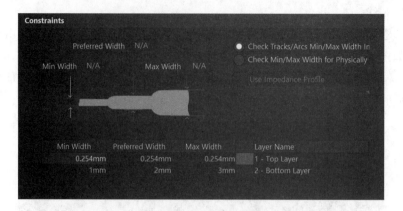

图 5-89 自动布线信息

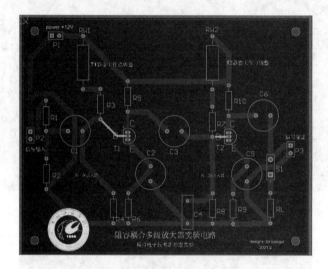

（a）底层布线效果图

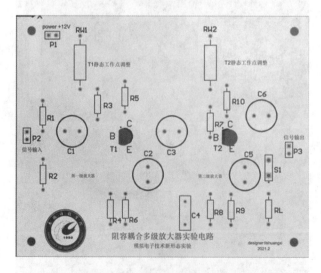

（b）完成布线的 PCB 顶层 3D 效果

图 5-90 单层板布线效果

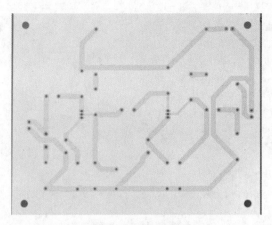

（c）完成布线的 PCB 底层 3D 效果

续图 5-90

至此我们完成了阻容耦合多级放大器实验电路板的设计，将 PCB 文件传输到专业的 PCB 制造企业，即可完成文件生成。

如果将其设计为双面板，则在设计规则中将布线层恢复到顶层和底层都有效，执行自动布线，双面板的设计效果如图 5-91 所示。

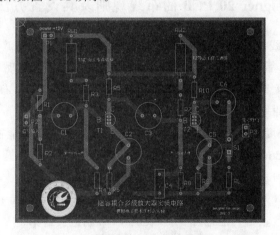

（a）顶层与底层布线效果图

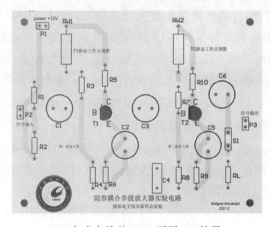

（b）完成布线的 PCB 顶层 3D 效果

图 5-91 双面板布线效果

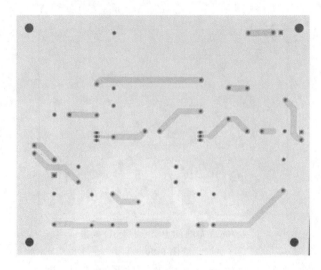

(c)完成布线的 PCB 底层 3D 效果

续图 5-91

5.7　Altium Designer 20 PCB 的布线规则及其设置方法

　　PCB 工程设计布线设计在优化信号电气连接的基础上,对提升产品工作的 EMC、提高热稳定性、降低故障率都具有重要意义。PCB 布线的根本任务是实现 PCB 电路网络的电气贯通和连接,在高速、大型、高密度电子系统设计中极具挑战性,PCB 布线在实现根本任务的前提下应注意的基本原则是:

- 走线(Track)长度越短越好,线路阻抗越低,信号的完整性越能得到保障;
- Top Layer 与 Bottom Layer 走线按照垂直原则进行,以利于提升抗干扰性;
- 走线宽度(Width)在 PCB 面积确定和线路阻抗满足的条件下尽可能宽;
- 输入输出信号线避免相互平行耦合干扰,必要时增加包地设计;
- 走线中过孔的数量尽可能地减少,以提升 PCB 制造贯通率;
- 电源走线尽量加宽,以提高载流量,改善 PCB 热设计效果。

Altium Designer 20 的自动布线功能在优化 PCB 热设计、EMC 设计以及对高频、高速要求较高的 PCB 设计中具有良好的性能优势,采用自动布线有利于降低使用者的布线工作量,减少手动布线的漏洞,自动布线与手动布线结合是 PCB 布线设计的常用方法。

　　Altium Designer 20 对自动布线与手动布线提供了一套完整的可执行的布线规则,覆盖电气特性(Electric)、布线(Routing)、表面贴片器件(SMT)、阻焊(Mask)、内电层(Plane)、测试点(Testpoint)、制造(Manufacturing)、高速信号(High Speed)、元器件放置(Placement)、信号完整性(Signal Integrity)十大类中线宽、布线层、布线拓扑结构、布线优先级、差分走线等 64 种布线设计规则,涉及 PCB 设计过程的全部细节,执行主菜单 Design→Rules 命令打开设计规则编辑器,如图 5-92 所示。

　　为使大家系统掌握 Altium Designer 20 设计规则并灵活运用,以下详细介绍十大类 64 种布线设计规则的内容与设置方法。

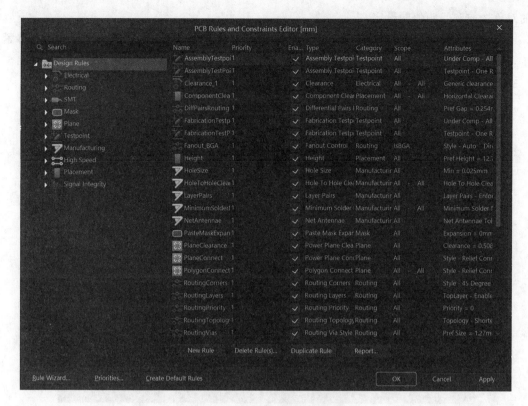

图 5-92　PCB 设计规则编辑器

◆ 5.7.1 Electrical 规则设置

Electrical 设计规则如图 5-93 所示,主要针对 PCB 上具有电气特性的设计对象,用于系统的设计规则检查(design rules check,DRC),当电路设计违反电气特性(Clearance、Short-Circuit、Un-Routed Net、Un-Connected Pin、Modified Polygon、Creepage Distance 设定的规则)时,DRC 检查器将自动报警提示用户,如图 5-93 所示,单击 Electrical 项显示该类全部设计规则。

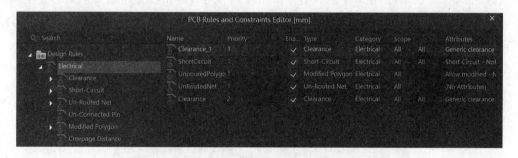

图 5-93　Electrical 选项

(1)安全间距(Clearance):单击安全间距选项,打开该选项的规则设置对话框,如图 5-94 所示。

安全间距用于设置 PCB 上具有电气特性的对象(走线、焊盘、过孔、铜箔填充、铜箔 text 等),可以设置导线与导线间、导线与焊盘间、焊盘与焊盘间等,规则设置内容包括适用规则的对象选取和间距值的设定。

安全间距设置过大不利于提高布线密度,会增加高密度板的布线难度,导致整体不够紧凑,且增加布线面积会带来经济性下降。一般情况下安全间距值宜为 10~20 mil(0.254~0.508 mm),使用者可以根据工程需要设置合理的安全间距值。

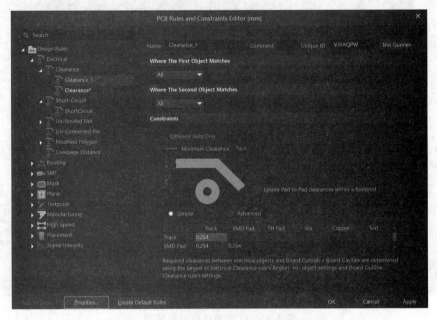

图 5-94　安全间距(Clearance)设置对话框

• Where The First Object Matches:该选项用于设置该规则优先应用的对象范围,下拉列表中有 All(整个网络)、Net(选定网络)、Net Class(选定网络类)、Layer(选定工作层)、Net and Layer(选定工作层中的网络)、Custom Query 等选项。默认对整个网络(All)适用。

• Where The Second Object Matches:用于设置次优先级安全间距的适用范围,默认对整个网络(All)适用。

• Constraints:用于设置安全间距最小值(10 mil)。Constraints 设置有 Simple(简单)和 Advanced(高级)两种,在其下的设置矩阵中使用者可以自由设置不同对象间的安全间距值,默认为 10 mil(0.254 mm)。勾选 Ignore Pad to Pad clearances within a footprint 选项,则在一个封装类忽略焊盘与焊盘的安全间距规则。

单击 Priorities 按钮可以调整安全间距规则的优先级别,如图 5-95 所示。

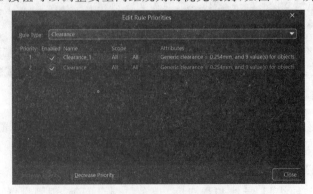

图 5-95　安全间距规则优先权调整对话框

（2）Short-Circuit：用于设置在 PCB 上是否可以出现短路，一般不允许短路存在，当不同网络标号的对象相交时如果出现 Short-Circuit 将会禁止该布线操作，若勾选 Allow Short Circuit 则允许短路存在，如图 5-96 所示。

图 5-96　短路规则

（3）Un-Routed Net：用于设置在 PCB 布线时是否允许出现未连接的网络，如图 5-97 所示，勾选 Check for incomplete connections 将会对尚未完成的连接进行检查。

图 5-97　断路规则

（4）Un-Connected Pin：用于设置在 PCB 布线时是否允许出现未连接的引脚，电路板中存在未连接的引脚将违反该规则，系统会报错。众所周知在实际的电路中，元器件的引脚常常出现并未全部使用的情况，因此系统默认状态下不启用此规则。

（5）Modified Polygon：用于设置 PCB 的外形参数。

◆ **5.7.2　Routing 规则设置**

Routing 规则设置在 PCB 布线中具有重要的作用，该规则用于设置自动布线过程中的布线宽度（Width）、布线拓扑结构（Routing Topology）、布线优先级（Routing Priority）、布线层（Routing Layers）、走线拐角（Routing Corners）、布线过孔类型（Routing Via Style）、扇出控制（Fanout Control）、差分线布线（Differential Pairs Routing）共 8 种规则，如图 5-98 所示。

（1）布线宽度（Width）。

用于设置 PCB 上导线即铜箔走线实际宽度（Track Width）值，包含最小值（Min Width）、参考值（Preferred Width）、最大值（Max Width）设置项，走线宽度在满足设计载流

图 5-98   Routing 规则

量和阻抗要求的情况下,走线宽度偏大会造成电路不够紧凑,在相同 PCB 面积下布线难度增加,增加 PCB 制造成本,一般信号线走线宽度设置为 10～20 mil(0.254～0.508 mm)。对电源、大功率电路走线要加宽处理,以满足载流量要求。Altium Designer 20 允许使用者对整个电路布线使用相同的走线宽度,也可以对单一网络或多个网络设置走线宽度。单击 Routing 下的 Width 打开走线宽度设置对话框,如图 5-99 所示。

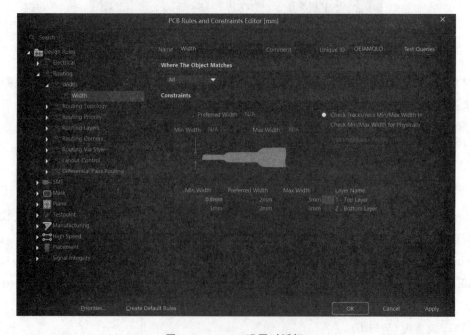

图 5-99   Width 设置对话框

- Where The Object Matches:该选项组用于设置布线宽度规则的适用范围,可以选择

All(整个电路网络)、Net(某一网络)、Net Class(网络类)、Layer(布线层)、Net and Layer(指定工作层的某一网络)和 Custom Query(自定义查询),系统默认选择项对整个网络(All)适用。

• Constraints:该选项组用于设置走线宽度值,按照最小值(Min Width)、参考值(Preferred Width)、最大值(Max Width)设置项设置,其中 Preferred Width 为首选宽度,当勾选 Check Tracks/Arcs Min/Max Width Individually 项,则该规则在布线过程中启用单独检查走线、最小圆弧、最大宽度值;勾选 Check Min/Max Width for Physically Connected,则在布线中启用检查物理连接的最小、最大宽度值。将光标移动到 Width 上右击,单击 New Rule 可以增加新的宽度设置规则,单击 Delete Rule 删除已经存在的宽度设置规则,如图 5-100 和图 5-101 所示。

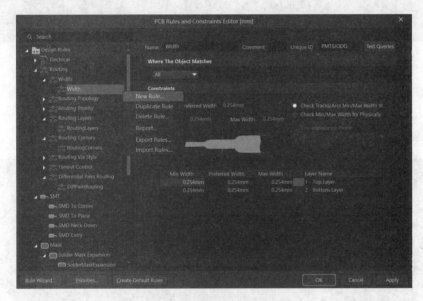

图 5-100　Width 新规则新建命令

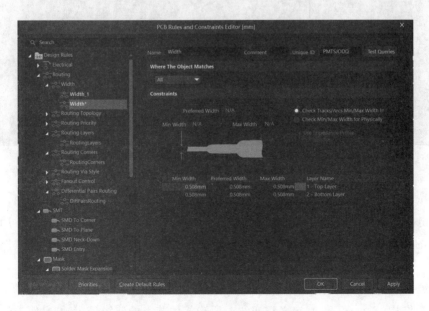

图 5-101　Width 新规则设置对话框

单击 Priorities 可更改已设置 Width 规则的优先权,在如图 5-102 所示设计规则优先权设置对话框中,单击提升(Increase Priority)、降低(Decrease Priority)按钮可以提升或降低规则的优先权。

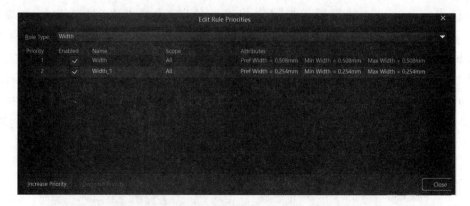

图 5-102　设计规则优先权设置对话框

(2)布线拓扑结构(Routing Topology)。

Altium Designer 20 用于设置自动布线的网络拓扑结构类型对话框,如图 5-103 所示,系统默认选择最短拓扑结构。

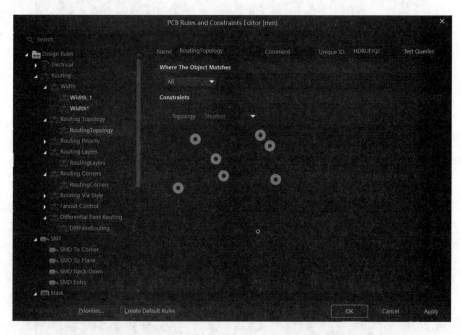

图 5-103　布线拓扑结构(Routing Topology)规则设置对话框

• Where The Object Matches:该选项组用于设置布线拓扑结构的适用范围,可以选择 All(整个电路网络)、Net(某一网络)、Net Class(网络类)、Layer(布线层)、Net and Layer(指定工作层的某一网络)和 Custom Query(自定义查询),系统默认选择项对整个网络(All)适用。

• Constraints:用于选择布线网络拓扑结构类型,如图 5-104 所示。

①最短结构(Short Test):定义在布线时所连接的节点的连线最短,即最短连接方式;

②水平结构(Horizontal):定义在布线时所连接的节点的水平连线最短,即所有节点按照水平最短方式连接;

③垂直结构(Vertical):定义在布线时所连接的节点的垂直连线最短,即所有节点按照垂直最短方式连接;

④简单菊花链结构(Daisy-Simple):按照菊花链的结构进行连接;

⑤源驱动菊花链结构(Daisy-MidDriven):定义在布线时所连接的节点中有一个源点,以此为中心向周围的节点连接,且保证连线最短;

⑥平衡性菊花链结构(Daisy-Balanced):定义在布线时所连接的节点中有一个源点,该源点将菊花链的左右节点数平衡一致,以此为中心向周围的节点连接,且以最短连线进行;

⑦星型结构(Starburst):由中心源点向周围所有节点发起连接,属于发散型结构。

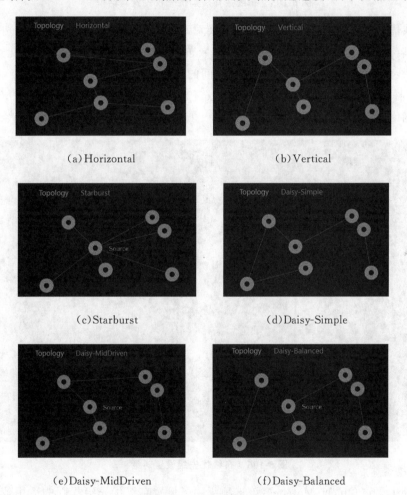

(a) Horizontal   (b) Vertical

(c) Starburst   (d) Daisy-Simple

(e) Daisy-MidDriven   (f) Daisy-Balanced

图 5-104　布线拓扑结构图

将光标移动到 Routing Topology 规则上右击,单击 New Rule 可以增加新的拓扑结构设置规则,单击 Delete Rule 删除已经存在的拓扑结构设置规则。单击 Priorities 可更改已设置拓扑结构规则的优先权,单击提升(Increase Priority)、降低(Decrease Priority)按钮可以提升或降低规则的优先权,如图 5-105 所示。

(3)布线优先级(Routing Priority)。

该选项用于设置布线的优先级别,如图 5-106 所示,Altium Designer 20 为用户提供了

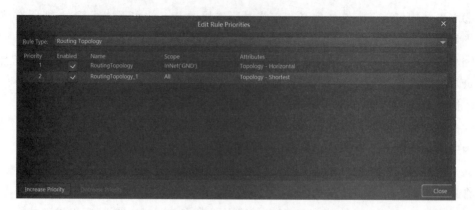

图 5-105   布线拓扑规则优先权设置对话框

便捷的布线优先级设置权限,可根据实际需要对每一个网络的布线设置优先级别,受到 PCB 尺寸限制,若干根网络的走线在 PCB 同一区域布局通过设置网络布线优先权能达到最佳走线效果,走线优先级决定了网络占用 PCB 空间的先后顺序。Altium Designer 20 提供了 0~100 共 101 种优先级别,0 标识优先权最低,数值越大优先权越高,100 标识优先级最高,系统默认所有网络布线的优先级为 0 级。

图 5-106   布线优先级设置对话框

• Where The Object Matches:该选项组用于设置布线优先级规则的适用范围,可以选择 All(整个电路网络)、Net(某一网络)、Net Class(网络类)、Layer(布线层)、Net and Layer(指定工作层的某一网络)和 Custom Query(自定义查询),系统默认选择项对整个网络(All)适用。

• Constraints:用于设置优先级等级,单击上下箭头可增减优先级,也可直接输入 0~100 中的具体数据确定优先权等级。

将光标移动到 Routing Priority 规则上右击,单击 New Rule 可以增加新的优先级设置规则,单击 Delete Rule 删除已经存在的优先级设置规则。单击 Priorities 可更改已设置优先级规则的优先权,单击提升(Increase Priority)、降低(Decrease Priority)按钮可以提升或降低规则的优先权,如图 5-107 所示。

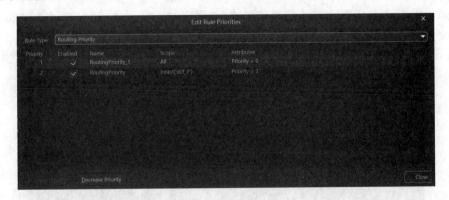

图 5-107　routing priority 规则优先权设置

(4)布线层(Routing Layers)。

该选项用于设置布线工作层,规定哪些层禁止布线。图 5-108 所示是 Routing Layers 设置对话框,默认 Top Layer 和 Bottom Layer 为布线层。

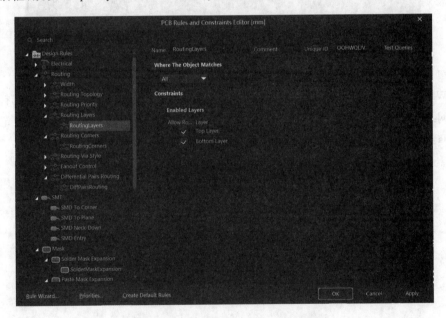

图 5-108　Routing Layers 设置对话框

• Where The Object Matches:选项组用于设置布线层选择规则的适用范围,可以选择 All (整个电路网络)、Net(某一网络)、Net Class(网络类)、Layer(布线层)、Net and Layer(指定工作层的某一网络)和 Custom Query(自定义查询),系统默认选择项对整个网络(All)适用。

• Constraints:用于设置优先级等级,单选框勾选则该层布线有效(Enable),用于网络布线。

将光标移动到 Routing Layers 规则上右击,单击 New Rule 可以增加新的优先级设置规则,单击 Delete Rule 删除已经存在的布线层设置规则。单击 Priorities 可更改已设置布线层规则的优先权,单击提升(Increase Priority)、降低(Decrease Priority)按钮可以提升或降低规则的优先权。

(5)走线拐角(Routing Corners)。

该选项用于设置 PCB 上走线的拐角形式,如图 5-109 所示,Altium Designer 20 提供了三种走线拐角方案,分别是 Rounded、45°、90°。

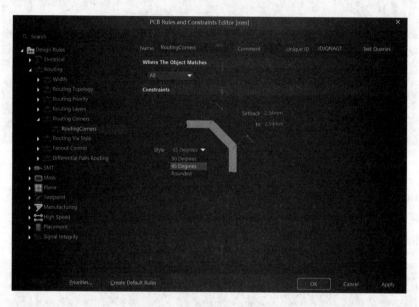

图 5-109 走线拐角设置对话框

• Where The Object Matches:选项组用于设置走线拐角匹配的适用范围,可以选择 All(整个电路网络)、Net(某一网络)、Net Class(网络类)、Layer(布线层)、Net and Layer(指定工作层的某一网络)和 Custom Query(自定义查询),系统默认选择项对整个网络(All)适用。

• Constraints:用于选择走线拐角类型,如图 5-110 所示。

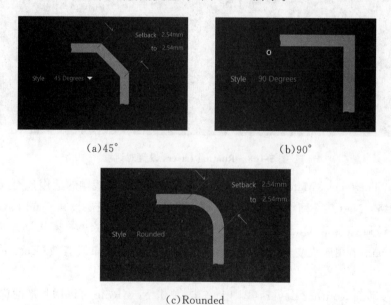

(a)45°　　　　　　　　　　　(b)90°

(c)Rounded

图 5-110 走线拐角类型

将光标移动到 Routing Corners 规则上右击，单击 New Rule 可以增加新的优先级设置规则，单击 Delete Rule 删除已经存在的走线拐角设置规则。单击 Priorities 可更改已设置走线拐角规则的优先权，单击提升(Increase Priority)、降低(Decrease Priority)按钮可以提升或降低规则的优先权。

(6)布线过孔类型(Routing Via Style)。

该选项用于设置布线中产生的过孔样式，可以设置过孔的钻孔直径、过孔直径等几何尺寸，提供 Maximum(最大)、Preferred(首选)、Minimum(最小)三种定义格式，默认情况下首选设置参数如图 5-111 所示。

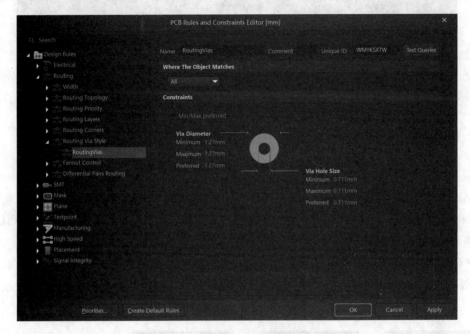

图 5-111　过孔类型设置对话框

• Where The Object Matches：选项组用于设置过孔匹配的适用范围，可以选择 All(整个电路网络)、Net(某一网络)、Net Class(网络类)、Layer(布线层)、Net and Layer(指定工作层的某一网络)和 Custom Query(自定义查询)，系统默认选择项对整个网络(All)适用。

• Constraints：用于选择过孔类型及参数。

将光标移动到 Routing Via Style 规则上右击，单击 New Rule 可以增加新的优先级设置规则，单击 Delete Rule 删除已经存在的过孔类型设置规则。单击 Priorities 可更改已设置过孔类型规则的优先权，单击提升(Increase Priority)、降低(Decrease Priority)按钮可以提升或降低规则的优先权。

(7)扇出控制(Fanout Control)。

该选项是针对引脚比较多的集成电路IC(比如 BGA 封装的器件)提出的一种走线或出线的方式，即扇出形式。Altium Designer 20 允许对每一个元器件的引脚、每个元器件以及整体设置扇出形式，如图 5-112 所示。Altium Designer PCB 编辑器默认设置有 Fanout_BGA(BGA 封装扇出规则)、Fanout_LCC(LCC 封装扇出规则)、Fanout_SOIC(SOIC 封装扇出规则)、Fanout_Small(小型封装扇出规则)和 Fanout_Default(一般默认规则)。

• Where The Object Matches：选项组用于设置多引脚IC扇出控制匹配适用范围，可以

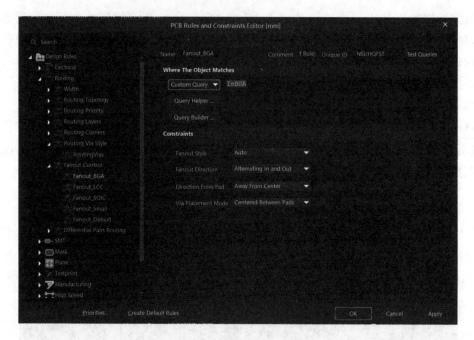

图 5-112　Fanout Control 设置对话框

选择 All(整个电路网络)、Component Class(元件类)、Footprint(封装)、Package(整批元件)、Package and Class(整批元器件、元件类)和 Custom Query(自定义查询),系统默认选择项对整个网络(All)适用。

• Constraints:用于多引脚 IC 选择扇出类型(Fanout Style)、扇出方向(Fanout Direction)、从焊盘引出的方向(Direction From Pad)及过孔放置模式(Via Placement Mode),如图 5-113 所示。

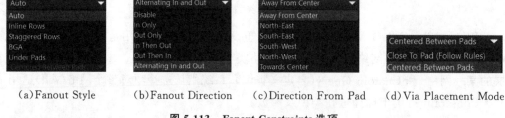

(a)Fanout Style　　(b)Fanout Direction　　(c)Direction From Pad　　(d)Via Placement Mode

图 5-113　Fanout Constraints 选项

①Fanout Style:有 5 种模式,系统根据实际布线需要确定扇出类型:自动选择(Auto)、逐行(Inline Rows)引出、错行(Staggered Rows)引出、GBA 引出、焊盘下方(Under Pads)引出。

②Fanout Direction:有不用(Disable)、仅输入(In Only)、仅输出(Out Only)、先输入后输出(In Then Out)、先输出后输入(Out Then In)、输入输出交替(Alternating In and Out)等选择方式。

③Direction From Pad:有总是从中心线方向(Always From Center)、朝向中心(Towards Center)、右上(North-East)、右下(South-East)、左上(North-West)、左下(South-West)等选择方式。

④Via Placement Mode:有靠近焊盘[Close To Pad(Follow Rules)]、多焊盘中心

（Centered Between Pads）两个选项。

将光标移动到 Fanout Control 规则上右击，单击 New Rule 可以增加新的扇出控制设置规则，单击 Delete Rule 删除已经存在的扇出控制设置规则。单击 Priorities 可更改已设置扇出控制规则的优先权，单击提升（Increase Priority）、降低（Decrease Priority）按钮可以提升或降低规则的优先权。

（8）差分线布线（Differential Pairs Routing）。

该选项用于设置差分对线，如图 5-114 所示。

• Where The Object Matches：选项组用于设置差分线布线的适用范围，可以选择 All（全部）、Layer（布线层）、Diff Pair（差分线对）、Diff Pair Class（差分线对类）、Layer and Class（布线层和设置的类）和 Custom Query（自定义查询），系统默认选择项对整个网络（All）适用。

• Constraints：用于设置差分对线的未耦合长度（Uncoupled Length）、耦合线宽度最大值（Max Width）、耦合线宽度首选值（Preferred Width）、耦合线宽度最小值（Min Width）以及耦合线宽度间隙最大值（Max Gap）、耦合线宽度间隙首选值（Preferred Gap）、耦合线宽度间隙最小值（Min Gap）。

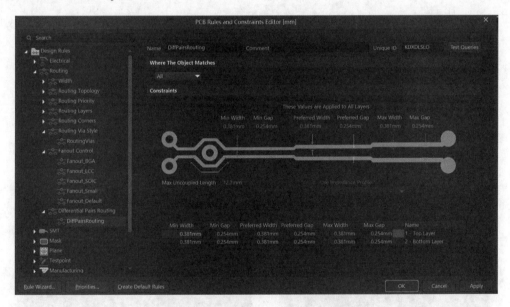

图 5-114　Differential Pairs Routing 对话框

用户将光标移动到 Differential Pairs Routing 规则上右击，单击 New Rule 可以增加新的差分线布线设置规则，单击 Delete Rule 删除已经存在的差分线布线设置规则。单击 Priorities 可更改已设置差分线布线规则的优先权，单击提升（Increase Priority）、降低（Decrease Priority）按钮可以提升或降低规则的优先权。

◆ **5.7.3　SMT 规则设置**

SMT 规则对表面贴片器件的布线进行约束，SMT 规则设置对话框如图 5-115 所示。

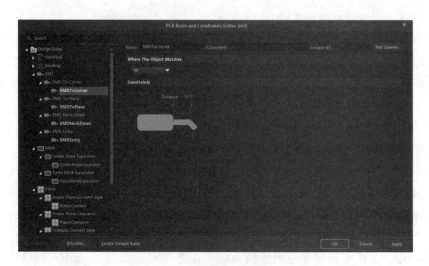

图 5-115　SMT 规则设置对话框

SMT 布线规则包括 SMD 走线拐角（SMD to Corner）、SMD 到内电层走线距离（SMD to Plane）、SMD 焊盘转角线宽（SMD Neck-Down）、SMD 入口（SMD Entry）四种具体规则，如图 5-116 所示。

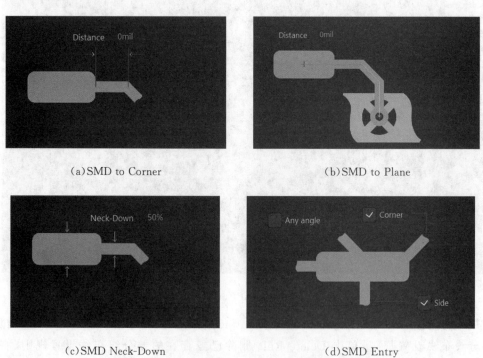

（a）SMD to Corner　　　　　　　　　　　（b）SMD to Plane

（c）SMD Neck-Down　　　　　　　　　　（d）SMD Entry

图 5-116　SMT 规则 Constrain 选项

• Where The Object Matches 选项组：用于设置 SMT 规则适用范围，可以选择 All（全部）、Net（网络）、Layer（布线层）、Footprint（封装）、Footprint and Layer（封装与布线层）和 Custom Query（自定义查询），系统默认选择项对整个网络（All）适用。

• Constrains 选项组：

①SMD 走线拐角（SMD to Corner）：用于设置 SMD 器件焊盘走线拐角线长度，如图 5-116（a）所示。

②SMD 到内电层走线距离（SMD to Plane）：用于设置 SMD 器件焊盘到内电层的走线长度，如图 5-116(b)所示。

③SMD 焊盘转角线宽（SMD Neck-Down）：用于设置 SMD 器件走线拐角线的线宽，如图 5-116(c)所示；

④SMD 入口（SMD Entry）：设置 SMD 器件走线入口，可选择从 SMD 焊盘侧边、顶角或任意角度走线，如图 5-116(d)所示。

◆ 5.7.4　Mask 规则设置

Mask 规则用于定义 PCB 制造中焊剂铺设的尺寸数据，主要用在 PCB 设计文件完成后到 PCB 生产的文件输出阶段，即用在 Output Generation 工作进程中。Altium Designer 20 提供了在 Top Paster(顶层锡膏防护层)、Bottom Paster(底层锡膏防护层)、Top Solder(顶层阻焊层)、Bottom Solder(底层阻焊层)，包括阻焊层设计规则（Solder Mask Expansion）和锡膏防护层设计规则（Paste Mask Expansion）两套具体规则，分别如图 5-117 和图 5-118 所示。

图 5-117　Solder Mask Expansion 规则

(1)Solder Mask Expansion：针对过孔安装器件，为了焊接方便，阻焊剂铺设的范围与焊盘之间需要预留一个细小的空间，系统默认 4 mil。

• Where The Object Matches 选项组：用于设置 Mask 规则适用范围，可以选择 All(全部)、Component(元件)、Pad Class(焊盘类)、Footprint(封装)、Footprint and Layer(封装与布线层)和 Custom Query(自定义查询)，系统默认选择项对整个网络(All)适用。

• Constrains 选项组：用于设置 Expansion top 和 Expansion bottom 尺寸，开关控制顶层与底层参数同步设置，开关高亮显示则 Expansion top 和 Expansion bottom 参数设置同步；开关关闭，则 Expansion top 和 Expansion bottom 可独立设置，如图 5-119 所示。同步开关关闭时，勾选 Solder Mask From The Hole Edge 则设置值从焊盘孔的边沿开始计算；勾选 Tented 单选项，则采用过孔盖油处理，如图 5-120 所示。

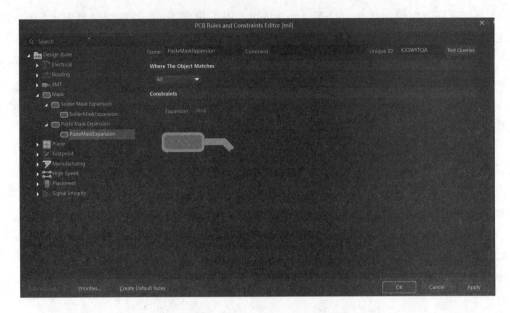

图 5-118　Paste Mask Expansion 规则

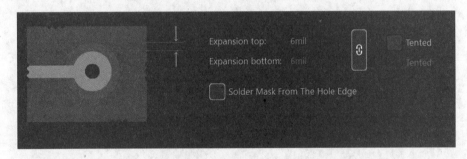

图 5-119　Expansion top/Expansion bottom 同步设置

图 5-120　Expansion top/Expansion bottom 独立设置

（2）Paste Mask Expansion：针对 SMD 器件，可根据实际需要在锡膏防护层设置阻焊间隙，确保 PCB 制造满足 SMD 器件的设计需要。

• Where The Object Matches 选项组：用于设置 Mask 规则适用范围，可以选择 All（全部）、Component（元件）、Pad Class（焊盘类）、Footprint（封装）、Footprint and Layer（封装与布线层）和 Custom Query（自定义查询），系统默认选择项对整个网络（All）适用。

• Constrains 选项组：该选项组参数设计非常简单，只有一个锡膏防护间隙尺寸设置，使用者根据贴片元件和贴片工艺实际进行设定。

实际工作中,阻焊层的规则也可在焊盘的 Properties 属性对话框中进行设置,以满足设计需要,如图 5-121 所示。

图 5-121　焊盘 Properties 中的
阻焊层设计规则

◆ 5.7.5　Plane 规则设置

Plane 内电层 PCB 设计规则用于内电层的布线规则设置,包括 Power Plane Connect Style(内电层走线连接类型)、Power Plane Clearance(内电层走线安全间距)、Polygon Connect Style(铺铜连接类型)三种规则,如图 5-122 所示。

图 5-122　Plane 规则设置

(1)Power Plane Connect Style(内电层走线连接类型):用于设置电源层的连接形式,如

图 5-123 所示。

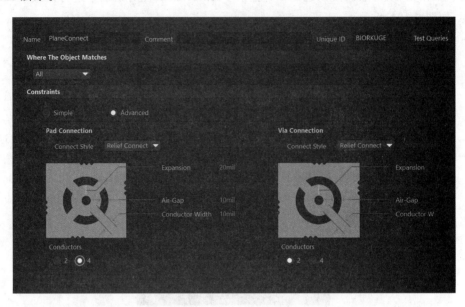

图 5-123　Power Plane Connect Style

• Where The Object Matches 选项组：用于设置 Plane 规则适用范围，可以选择 All（全部）、Net（网络）、Pad Class（焊盘类）、Net Class（网络类）、Net and Layer（网络与布线层）和 Custom Query（自定义查询），系统默认选择项对整个网络（All）适用。

• Constrains 选项组：Simple 单选框是简单的电源层的连接形式设置，无论焊盘还是过孔都按照统一的规则执行；Advanced 单选框是高级电源层的连接形式设置，将焊盘与过孔分开独立设置，分别执行自己的设计规则，图 5-124 所示是不同类型的设置效果图。

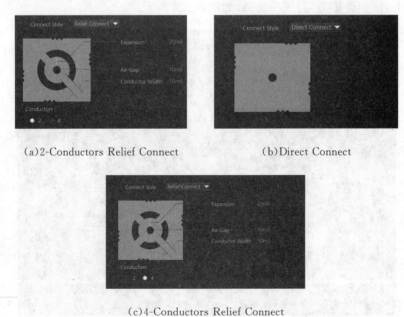

（a）2-Conductors Relief Connect　　　　（b）Direct Connect

（c）4-Conductors Relief Connect

图 5-124　连接效果图

①Connect Style：可分为 No Connect（内电层与元器件引脚不连接）、Direct Connect（内电层与元器件引脚通过实心铜箔连接）、Relief Connect（使用散热焊盘方式连接）。

②Conductors：散热焊盘组成的导体数目，默认为 4，可选 2。

③Conductor Width：散热焊盘组成的导体线宽，默认为 10 mil。

④Air-Gap：散热焊盘钻孔与导体之间的间隙宽度，默认为 10 mil。

⑤Expansion：钻孔边缘与散热导体之间的距离，默认为 20 mil。

（2）Power Plane Clearance：用于设置通孔通过内电层时的安全间距，实际工作中由于器件引脚要通过内电层，安全间距设置具有重要意义，尤其在功率集中区布线。

（3）Polygon Connect Style：用于设置多边形铺铜与焊盘连接的形式设置，常见的有 No Connect（铺铜与焊盘不连接）、Direct Connect（铺铜与焊盘通过实心铜箔连接）、Relief Connect（使用散热焊盘方式连接），如图 5-125 所示。

• Where The First Object Matches 选项组：用于设置第一类对象的 Plane 规则，其适用范围可以选择 All（全部）、Net（网络）、Net Class（网络类）、Footprint（封装）、Footprint and Layer（封装与布线层）和 Custom Query（自定义查询），系统默认选择项对整个网络（All）适用。

• Where The Second Object Matches 选项组：用于设置第二类对象（在第一类选定对象范围内再做选择的对象）的 Plane 规则，其适用范围可以选择 All（全部）、Net（网络）、Net Class（网络类）、Footprint（封装）、Footprint and Layer（封装与布线层）和 Custom Query（自定义查询），系统默认选择项对整个网络（All）适用。

• Constrains 选项组：Simple 单选框是简单的焊盘与铺铜连接形式设置，通孔焊盘、SMD 焊盘、过孔都按照统一的规则执行；Advanced 单选框是高级连接形式设置，将通孔焊盘、SMD 焊盘、过孔分开独立设置，分别执行自己的设计规则，图 5-125 所示是不同类型的设置效果图。

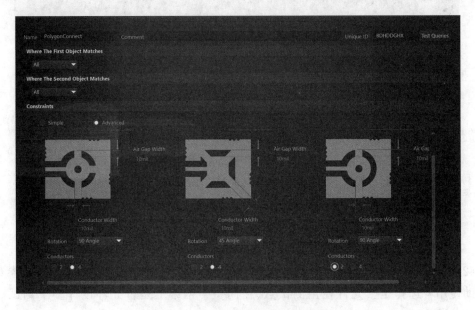

图 5-125　Polygon Connect Style 设置

①Conductors：散热焊盘组成的导体数目，默认为 4，可选 2。

②Conductor Width：散热焊盘组成的导体线宽，默认为 10 mil。

③Rotation：散热焊盘与组成导体的旋转角度，默认 90°，可选 45°。

◆ **5.7.6　Testpoint 规则设置**

电子产品设计完成后常常要进行测试,因此 PCB 在设计时合理地布置测试点将十分有利于电路测试,Testpoint 规则主要是用于设置 PCB 测试点布线规则。Testpoint 共设置有四种规则,分别是:

(1)Fabrication Test Point(制作测试点):用于制作测试点的形式,PCB 上的测试点的形式和参数可以通过该规则设置,为方便 PCB 调试,在 PCB 上引入的测试点可以连接到某个网络,其形式与过孔类似,在调试过程中可以通过测试点引出电路板上的信号,使用者可以设置测试点的尺寸并自定义是否可以在元器件的底部生成测试点等,如图 5-126 所示。

Fabrication Test Point Style 规则用于自动布线器、在线 DRC 检查、Output Generation 输出等系统模块中,自动布线器使用测试点的首选尺寸来定义测试点焊盘的尺寸,DRC 检查使用除首先测试点首选尺寸之外的所有属性作为电气规则检查依据。

• Where The Object Matches 选项组:用于设置测试点规则适用范围,可以选择 All(全部)、Net(网络)、Pad Type(焊盘类型)、Net Class(网络类)、Net and Pad Type(网络与焊盘类型)和 Custom Query(自定义查询),系统默认选择项对整个网络(All)适用。

• Constrains 选项组:包括测试点大小(Sizes)、安全间距(Clearances)、格栅(Grid)、允许的工作面(Allowed Slide)、规则观察器指导(Rule Scope Helper)。

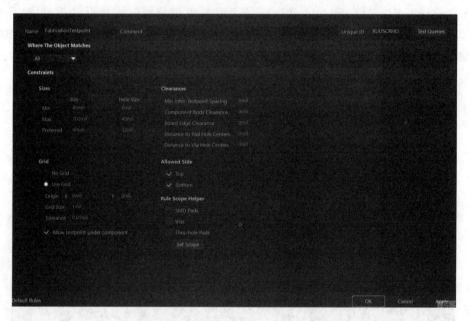

图 5-126　Fabrication Test Point 设置

(2)Fabrication Test Point Usage(制作测试点使用性):用于设置测试点的使用参数,可以帮助使用者选择是否允许使用测试点、在同一个网络上是否允许设计多个测试点,如图 5-127 所示。

• Where The Object Matches 选项组:用于设置测试点规则适用范围,可以选择 All(全部)、Net(网络)、Pad Type(焊盘类型)、Net Class(网络类)、Net and Pad Type(网络与焊盘类型)和 Custom Query(自定义查询),系统默认选择项对整个网络(All)适用。

图 5-127　Fabrication Test Point Usage 设置

• Constrains 选项组：

①Required：默认要求每个目标网络使用一个测试点。

②Single Testpoint per Net：每个网络设置单独测试点。

③Testpoint At Each Leaf Node：在每个独立的节点设置测试点。

④Allow More Testpoints(Manually Assigned)：允许设置更多的测试点。

⑤Prohibited：禁止测试点，所有网络都不使用测试点。

⑥Don't Carc：忽略测试点使用。

Assembly Test Point(组合测试点)与 Assembly Test Point Usage(组合测试点使用性)规则设置与制作测试点规则设置对话框内容一样，这里不再赘述。

◆ **5.7.7　Manufacturing 规则设置**

Manufacturing 规则在 PCB 制造工艺中具有重要的作用，是 PCB 工艺制作的质量关键，Altium Designer 20 提供了 10 种 Manufacturing 规则用于在 DRC 检查中帮助 PCB 设计工程师完成检查，以达到最终定型的 PCB 设计满足 PCB 生产工艺质量要求的目的。

(1)Minimum Annular Ring：用于设置环状图元的最小内、外径值，当过孔的内外径小于最小值时，则在 PCB 工艺设备上很难制造出符合质量标准的过孔，甚至无法制造，造成设计失败，如图 5-128 所示。

图 5-128　Minimum Annular Ring 规则设置对话框

(2)Acute Angle：用于设置锐角走线角度，如实际设计工作中不对走线角度加以限制，自动布线可能出现角度极小的走线，PCB 制造设备在工艺上也难以生产出来，默认角度为

90°,如图 5-129 所示。

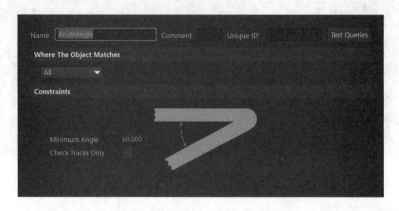

图 5-129   Acute Angle 规则设置对话框

（3）Hole Size：用于设置钻孔孔径的上下限，孔径过小在 PCB 制造加工过程中存在困难，从而导致设计无效，通过设计规则设置能够有效防止无效设计，提升 PCB 设计的可操作性，如图 5-130 所示。

图 5-130   Hole Size 规则设置对话框

• Measurement Method：测量方法选择，有绝对值（Absolute）和百分数（Percent）两种，默认百分数表示法。

• Minimum：孔径最小值设置，有绝对值（Absolute）和百分数（Percent）两种，默认百分数表示法，取 20%。

• Maximum：孔径最大值设置，有绝对值（Absolute）和百分数（Percent）两种，默认百分数表示法，取 80%。

（4）Layer Pairs：用于检查当前使用的 Layer Pairs（工作层对）是否与当前的 Drill Pairs（钻孔层对）对应，Layer Pairs 是一个网络的起始层与终止层。该项目广泛应用于在线 DRC、DRC 批处理以及交互式布线过程中，Enforce layer pairs setting 用于设置是否强制执行此项规则，如图 5-131 所示。

（5）Hole To Hole Clearance：用于设置孔对孔的安全间隙设置，使用者可以勾选 Allow Stacked Micro Vias 来确保该规则适用于大量的过孔的控制，如图 5-132 所示。

（6）Minimum Solder Mask Sliver：用于设置最小的阻焊条规则，如图 5-133 所示。

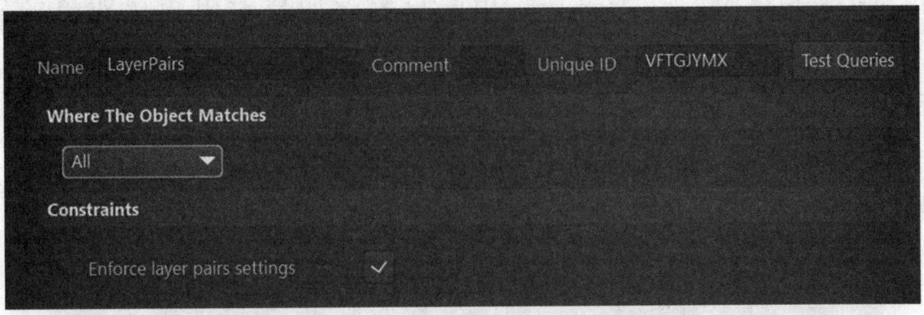

Name LayerPairs Comment Unique ID VFTGJYMX Test Queries

Where The Object Matches

All

Constraints

Enforce layer pairs settings ✓

图 5-131　Layer Pairs 规则设置对话框

Name HoleToHoleClearance Comment Unique ID VNRRPUGG Test Queries

Where The First Object Matches

All

Where The Second Object Matches

All

Constraints

✓ Allow Stacked Micro Vias Hole to Hole Clearance 10mil

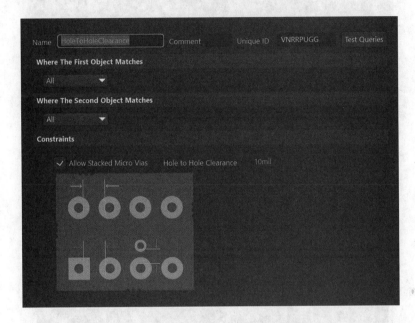

图 5-132　Hole To Hole Clearance 规则设置对话框

Name MinimumSolderMaskSliver Comment Unique ID RMFLLNNC Test Queries

Where The First Object Matches

All

Where The Second Object Matches

All

Constraints

Minimum Solder Mask Sliver 10mil

图 5-133　Minimum Solder Mask Sliver 规则设置对话框

（7）Silk To Solder Mask Clearance：用于设置丝印层对阻焊层对象的安全间隙，如图 5-134 所示。

其检查模式有两种：Check Clearance To Exposed Copper（检查与暴露的铜箔安全间隙）方式和 Check Clearance To Solder Mask Openings（检查丝印层与阻焊层之间的开口间隙），默认选择第一种模式。

图 5-134　Silk To Solder Mask Clearance 规则设置对话框

（8）Silk To Silk Clearance：用于设置丝印层到丝印层的间隙规则，如图 5-135 所示。

图 5-135　Silk To Silk Clearance 规则设置对话框

（9）Net Antennae：用于设置网络导线规则，设置导线末端公差控制。若导线末端的公差控制不严格，根据电磁辐射与导体尺寸的关系，将会对 PCB 的 EMC 不利，系统默认精度为 0 mil，如图 5-136 所示。

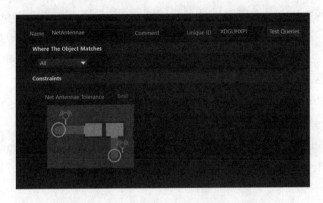

图 5-136 Net Antennae 规则设置对话框

(10)Board Outline Clearance：用于设置电路板轮廓线间隙规则，如图 5-137 所示，以矩阵表设置各类电气对象与电路板轮廓间隙的安全距离，间隙过小将导致电路板切割时 PCB 上的电气对象损伤甚至缺失，进而导致 PCB 切割失败，产生废板。

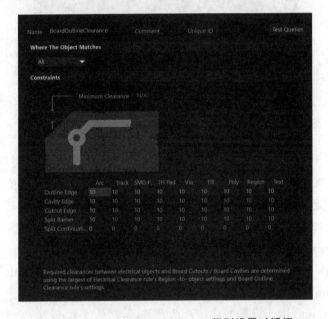

图 5-137 Board Outline Clearance 规则设置对话框

◆ **5.7.8 High Speed 规则设置**

现代电子系统的复杂性越来越高，电路的规模越来越大，系统的工作速度也越来越高，如何保证高速电子系统的 PCB 设计可靠性是设计工作者面临的难题。Altium Designer 20 集成了 PCB 高速设计的规则调整规范，以利于使用者在高速 PCB 设计中根据系统的高速特性要求，保证 PCB 的设计满足高速系统信号传输的要求。

Altium Designer 20 的 High Speed 规则包含 Parallel Segment 等 8 条规则，用于约束高速系统的 PCB 平行走线、走线长度、匹配网络的走线长度、走线拐角对信号反射约束、SMD 器件过孔设置、最大过孔数、双向背向钻孔以及信号走线相对于参考边界的信号反射最小间隙约束等。

（1）Parallel Segment：用于约束平行走线的间距，图 5-138 所示是 Parallel Segment 规则设置对话框，在高速信号传输过程中为保证信号传输正确，优先采用差分对线传输（Differential Pair）。Parallel Segment 规则主要实现对差分线对的各项参数进行设置，包含差分线对的层、间距、长度的约束。

• Layer Checking：用于设置两段平行走线所在工作层属性，有同层（Same Layer）、相邻层（Adjacent Layers）两种方式供选择，系统默认同层走线；

• For a parallel gap of：用于设置两段平行线之间的距离，默认 10 mil（0.254 mm）；

• The parallel limit is：对差分线最大允许走线长度进行约束，默认走线长度为 10000 mil。

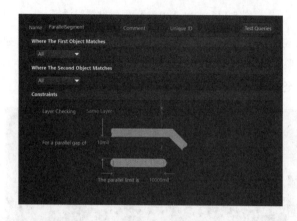

图 5-138　Parallel Segment 规则设置对话框

（2）Length：用于约束传输高速信号导线的长度、信号传输延迟时间的允许范围，如图 5-139 所示。在高速系统中为了保证阻抗的匹配和信号传输质量，对信号走线的长度、信号延迟时间都有一定的设计要求，主要对走线长度的上限值和下限值进行约束控制，对信号延迟进行允许范围约束。

• Length_Minimun：用于设置网络最小允许长度，默认值 0 mil；

• Length_Maximun：用于设置网络最大允许长度，默认值 10000 mil（2540 mm）；

• Delay_Minimun：用于设置网络信号最小延迟，默认值 0 ps；

• Delay_Maximun：用于设置网络信号最大延迟，默认值 0 ps。

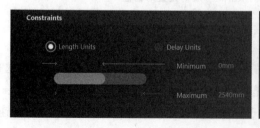

图 5-139　Length 规则设置对话框

（3）Matched Lengths：用于约束高速 PCB 设计匹配网络的传输线长度、信号延迟时间，如图 5-140 所示。在高速系统的 PCB 上实现部分网络的导线阻抗匹配设计，在该界面中实现对传输线长度、信号延迟时间的约束。

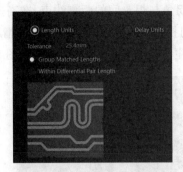
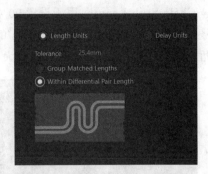

（a）Length_group Matched Lengths　　　（b）Length_differential Pair Length

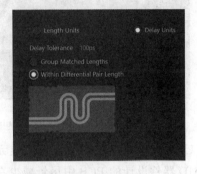

（c）Delay_group Matched Lengths　　　（d）Delay_differential Pair Length

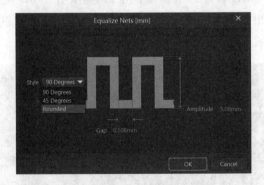

（e）Equalize Nets 设置对话框

图 5-140　Matched Lengths 规则设置对话框

• Tolerance：在高频电路设计中要综合考虑信号线长度对信号延迟、信号辐射的影响，传输线太短将导致传输线串扰效应，该项定义了一个传输线的长度值，当设计中的走线长度小于规则设定值时，利用 Tools/Equalize Net Lengths 命令将对应的网络长度自动延长以满足设计需要，默认值为 1000 mil。时间延迟控制在 Delay Units 选项组中设置，系统默认延迟时间是 100 ps。单选框 Group Matched Lengths/Within Differential Pair Length 用于约束走线匹配网络适用范围，仅约束差分线时勾选 Within Differential Pair Length。

• Equalize Nets 命令对话框如图 5-140（e）所示，其中 Style 走线拐角类型包括 45°、90° 和 Rounded（圆形），90°拐角可实现单位长度的最大走线容量，45°的走线容量最小；Gap 用于平行线间隙值设置，系统默认值为 20 mil（0.508mm）；Amplitude 用于设置走线的摆动幅度约束，系统默认值为 200 mil（5.08 mm）。

（4）Daisy Chain Stub Length：用于设置 90°拐角与焊盘间的距离约束，在高速 PCB 设计中为防止信号反射的影响，一般不允许出现 90°的拐角走线，在出现 90°拐角的情况下务必做好焊盘与拐角之间的距离约束，系统默认的最大主干走线长度为 1000 mil，如图 5-141 所示。

图 5-141　Daisy Chain Stub Length 规则设置对话框

（5）Vias Under SMD：用于设置表面安装元器件的焊盘是否允许出现过孔，如图 5-142 所示，一般 SMD 器件设计的 PCB 中尽量减少在 SMD 焊盘中引入过孔设计，但是在内电层设计时需要通过过孔向 SMD 器件的电源端供电，则需要在 SMD 电源引脚增加过孔设计，以满足内电层的电源引出到负载的需要。该项设置十分简单，属于单选设置，勾选则允许在 SMD 焊盘引入过孔设计。

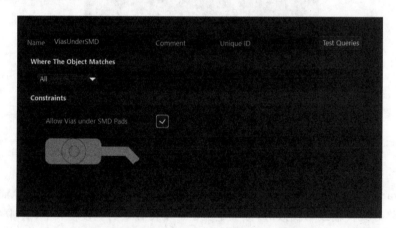

图 5-142　Vias Under SMD 规则设置对话框

（6）Maximum Via Count：用于设置高速信号 PCB 的过孔数量限制，系统默认值为 1000，如图 5-143 所示。

（7）Max Via Stub Length（Back Drill）：用于设置背向对钻埋孔尺寸规则，如图 5-144 所示，其中原孔的最大短接长度（Max Stub Length）的系统默认值为 15 mil（0.381mm）；背钻孔大于原孔尺寸（BackDrill OverSize），默认为 0.5mil（0.013 mm）；Tolerance 用于设置背钻孔加工的精度控制，"＋"限制正偏差、"－"限制负偏差。

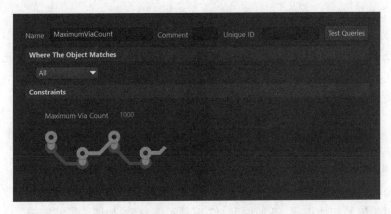

图 5-143　Maximum Via Count 规则设置对话框

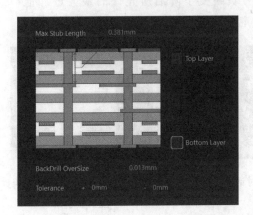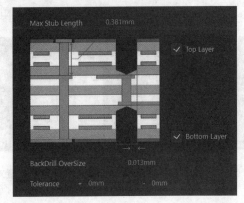

（a）原孔　　　　　　　　　　　　　　（b）背钻孔

图 5-144　Back Drill 规则设置对话框

（8）Return Path：设置信号走线与基准层返回的最小间隙（Minimum Gap To Return Path），默认为 0 mil，勾选 Exclude Pad/Via voids 则该约束规则扩展至焊盘与过孔，如图 5-145 所示。

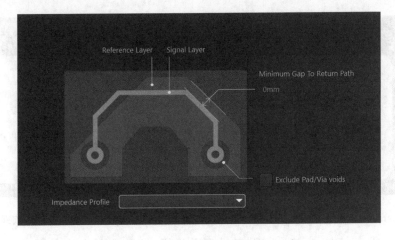

图 5-145　Return Path 规则设置对话框

◆ **5.7.9　Placement 规则设置**

Placement 规则用于 PCB 布局设计,在 PCB 布线过程中使用者可以引入元器件的布局规划,该部分的设计规则已经本章的 5.6.3 节中详细介绍了,这里不再赘述,读者可以在 5.6.3 节的基础上巩固掌握。

◆ **5.7.10　Signal Integrity 规则设置**

(1)Signal Stimulus:激励信号源的选择设置,激励信号源的类型有 Constant Level(直流信号)、Single Pulse(脉冲信号)、Periodic Pulse(周期脉冲信号)等,在该选项中同时可以设置信号源相关信号初始电平、开始时间、终止时间等参数,如图 5-146 所示。

(2)Overshoot Falling Edge:用于设置信号负跳变下降沿所允许的最大过冲值(max overshoot[falling]),即低于信号基值的最大阻尼振荡,默认值为 1 V,如图 5-147 所示。

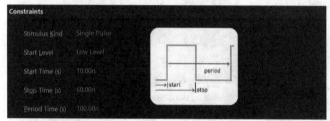

图 5-146　Signal Stimulus 约束规则设置对话框　　　图 5-147　Overshoot Falling 约束
规则设置对话框

(3)Overshoot Rising Edge:用于设置信号正跳变上升沿所允许的最大过冲值(max overshoot[rising]),即高于信号基值的最大阻尼振荡,默认值为 1 V,如图 5-148 所示。

(4)Undershoot Falling Edge:用于设置信号下降沿所允许的最大下冲值(max undershoot[falling]),即下降沿上高于信号基值的最大阻尼振荡,默认值为 1 V,如图 5-149 所示。

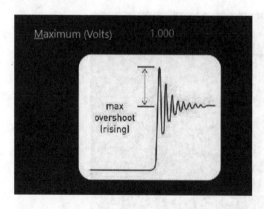
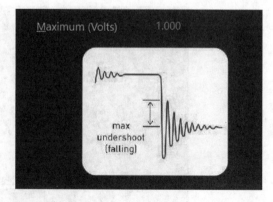

图 5-148　Overshoot Rising 约束规则设置对话框　　图 5-149　Undershoot Falling 约束规则设置对话框

(5)Undershoot Rising Edge:用于设置信号振荡上升所允许的最大上冲值(max undershoot[rising]),即上升沿上低于信号基值的最大阻尼振荡,默认值为 1 V,如图 5-150 所示。

（6）Max Min Impedance：用于电路最大、最小阻抗值约束设置，Minimum 默认值为 1 Ω，Maximum 默认值为 10 Ω，如图 5-151 所示。

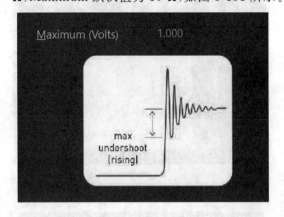

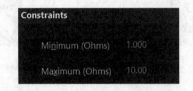

图 5-150　Undershoot Rising 约束规则设置对话框　　　图 5-151　Max Min Impedance 约束
规则设置对话框

（7）Signal Top Value：用于设置信号高电平值，即信号维持高电平的最小电压值，默认最小值为 5 V，如图 5-152 所示。

（8）Signal Base Value：用于设置信号基准的电压值，默认为 0 V，如图 5-153 所示。

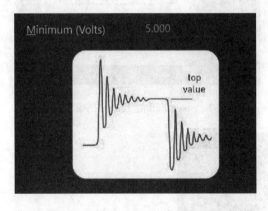

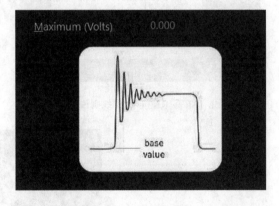

图 5-152　Signal Top Value 约束规则设置对话框　　图 5-153　Signal Base Value 约束规则设置对话框

（9）Flight Time Rising：用于设置信号上升沿的最大延迟时间，一般设置为信号从 0 开始上升到 50% 所需时间，使用者在高速信号完整性分析时根据实际需要具体设定，如图 5-154 所示。

（10）Flight Time Falling：用于设置信号下降沿的最大延迟时间，一般设置为信号从 0 开始下降到 50% 所需时间，使用者在高速信号完整性分析时根据实际需要具体设定，如图 5-155 所示。

（11）Slope Rising：上升沿斜率，反映信号上升的速度，即信号的上升沿从阈值电压上升到高电平电压所允许的最大延迟时间，如图 5-156 所示。

（12）Slope Falling：下降沿斜率，反映信号下降的速度，即信号的下降沿从阈值电压下降到低电平电压所允许的最大延迟时间，如图 5-157 所示。

（13）Supply Nets：电源网络，在信号完整性分析时设置 PCB 中的电源网络或 GND 网络，如图 5-158 所示。

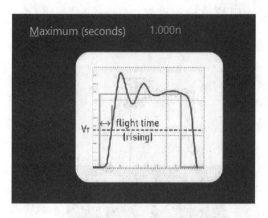

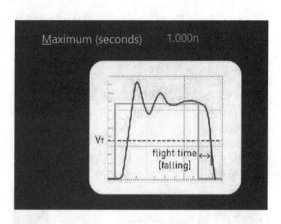

图 5-154　Flight Time Rising 约束规则设置对话框　　　图 5-155　Flight Time Falling 约束规则设置对话框

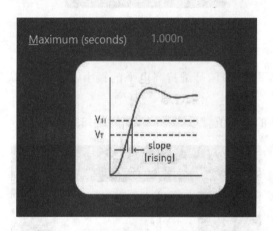

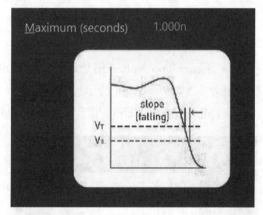

图 5-156　Slope Rising 约束规则设置对话框　　　图 5-157　Slope Falling 约束规则设置对话框

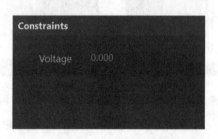

图 5-158　Supply Nets 约束规则设置对话框

5.8　Altium Designer 20 PCB 自动布线与手动布线

◆　5.8.1　自动布线

（1）自动布线方式。

布线参数和布线规则设置好以后就可以执行自动布线，Altium Designer 20 提供了无比强大的自动布线技术，执行自动布线的方法很多，包括按照全部（All）、按照网络（Net）、按照网络类（Net Class）、按照连接（Connection）、按照区域（Area）、按照集合（Room）、按照元件（Component）、按照元件类（Component Class）、按照所选元件的连接（Connections On

Selected Components)、按照所选元件之间的连接(Connections Between Selected Components)等具体方式实施自动布线,在实践上使用者可以综合灵活运用各种自动布线方法,如图 5-159 所示。

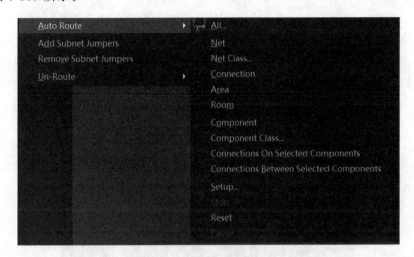

图 5-159　常见的自动布线方式

• 按照全部(All):选择 Route→Auto Route→All,对全部网络进行布线;

• 按照网络(Net):选择 Route→Auto Route→Net,光标变成"＋"后,单击所需要自动布线的网络即按照网络进行自动布线;

• 按照网络类(Net Class):选择 Route→Auto Route→Net Class,按照选定的网络类进行自动布线;

• 按照连接(Connection):选择 Route→Auto Route→Connect,按照选定的连接进行自动布线;

• 按照区域(Area):选择 Route→Auto Route→Area,按照选定的区域进行自动布线;

• 按照集合(Room):选择 Route→Auto Route→Room,按照选定的集合进行自动布线;

• 按照元件(Component):选择 Route→Auto Route→Component,按照元件进行自动布线;

• 按照元件类(Component Class):选择 Route→Auto Route→Component Class,按照选定的元件类进行自动布线;

• 按照所选元件的连接(Connections On Selected Components):选择 Route→Auto Route→Connections On Selected Components,按照选定的元件进行自动布线;

• 按照所选元件之间的连接(Connections Between Selected Components):选择 Route→Auto Route→Connections Between Selected Components,按照选定的元件在元件之间进行自动布线。

(2)自动布线管理。

自动布线的管理包括对自动布线设置管理、停止布线(可终止正在进行的自动布线)、复位(恢复原始设置)以及暂停布线(暂停正在进行的自动布线)、拆除布线(拆除已经完成的自动布线)等操作。

• 自动布线设置（Setup）管理：执行 Route→Auto Route→Setup 命令，打开 Situs Routing Strategies 对话框，如图 5-160 所示。对话框中可以设置自动布线过程的某些规则，一般采用默认设置即可实现自动布线全过程。使用者可以改变相关自动布线规则设置，包括 Report Contents 选项、Routing Strategy。用户可以通过 Add 增加测试点 Test Point，也可勾选 Lock All Pre-routes 锁定自动布线前的布线结果不受自动布线影响。勾选 Rip-up Violations After Routing 可以在自动布线结束后拆除违反布线规则的部分，以保证自动布线符合事先预设的布线规则。

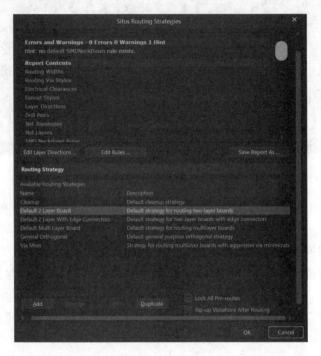

图 5-160　Situs Routing Strategies 对话框

• 自动布线的拆除：执行 Route→Un Route→All 命令，用户可以一次性拆除全部布线；执行 Route→Un Route→Net、Route→Un Route→Connection、Route→Un Route→Component、Route→Un Route→Room 命令后光标变成"＋"，将光标移动到需要拆除的对象上单击即可拆除所选择 Net、Connection、Component、Room 内的自动布线；

• 自动布线的停止：自动布线过程中执行停止布线可终止正在进行的自动布线，执行复位可以恢复原始设置，执行暂停布线可以暂停正在进行的自动布线。

◆ **5.8.2　手动布线**

手动布线与自动布线遵循的布线规则一样设置，手动布线的基本步骤如下：

• 选中布线层如 Bottom Layer 为当前层；

• 选择 Place→Track，光标变成"＋"形状；

• 移动光标到手动布线的起始焊盘上放置手动布线的起点，拖动鼠标单击确定手动走线的中间走向定位控制点，最后单击布线终点焊盘完成两个焊盘间的手动布线，在布线过程中单击 Tab 键可以调出 Track 属性进行设置，包括布线的宽度、走线拐角形状等，如图 5-161 所示。手动布线模式拐角类型有任意角度、90°拐角、90°弧形拐角、45°拐角、45°弧形拐角五种,布线过程中按 Space 键可切换拐角方式。按 Esc 键可停止布线操作。

• 在进行交互式布线时,按 * 键可在不同信号层进行切换来完成不同层之间的走线,系统将自动通过添加过孔实现走线在层间自动电气连接。

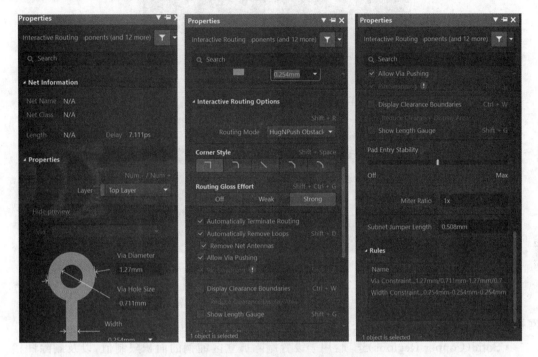

图 5-161　手动布线 Track 属性设置

5.9　Altium Designer 20 PCB 铺铜与补泪滴

◆ 5.9.1　铺铜

在 Top Layer、Bottom Layer 进行铺铜是 PCB 布线完成后常见的技术操作,铺铜本质是一系列导线组成的填充。在 PCB 布线完成后,利用铺铜工具将空余没有走线的 PCB 区域全部用走线铺满,铺满的部分可以与 PCB 的一个网络连接(通常与 GND 网络连接以利于系统抗干扰设计),大电流设计中可以与 VCC 连接以提升载流量和提高散热能力,铺铜的安全间距一般设置为导线安全间距的 2 倍。

(1)铺铜属性设置。

执行 Place→Polygon Pour 命令或单击主工具栏的放置多边形按钮■,可启动铺铜命令,此时光标变成"+",按下 Tab 键可以对铺铜属性进行设置,如图 5-162 所示。

Properties 选项组:

• Net:用于设置铺铜与电路哪个网络连接,为提高 PCB 的抗干扰能力,铺铜常常与系统的 GND 相连接;

• Layer:用于选择铺铜的板层,通常为 Top Layer 和 Bottom Layer 铺铜;

• Name:用于使用者对所做的铺铜进行命名;

• Lock Position & Vertices 单选框:用于控制是否锁定铺铜的位置和顶点。

图 5-162　铺铜属性编辑面板

　　Fill 选项组：该选项组用于选择铺铜的填充方式，包括全铺铜 Solid(Copper Regions)、网格状铺铜 Hatched(Track/Arc)、无填充保留边界 None(Outlines)三种格式。

　　• Solid(Copper Regions)选项：用于设置删除孤立区铺铜的面积限制值，以及删除凹槽的宽度限制值；其中 Remove Islands Less Than 用于控制将面积小于设定值的铺铜孤岛删除；Remove Necks Less Than 用于控制是否移除长度小于设定值的突颈部分；Arc Approx用于设置围绕焊盘外径与铺铜围绕焊盘内径之间的空白区面积，以保证铺铜与焊盘的有效隔离。

　　• Hatched(Track/Arc)选项：用于设置网格状铺铜的网格线宽度、网格大小、围绕焊盘的形状与网格类型，其中 Track Width 用于设置网格线宽度；Grid Size 用于设置铺铜网格大小；Surround Pad With(Arcs 或 Octagons)用于设定围绕焊盘的形状，有圆弧和多边形两种；Hatch Mode 用于设置网格类型，有 90°、45°、水平(Horizontal)、垂直(Vertical)四种方式；Min Prim Length 用于设置最小图元的长度。

　　• None(Outlines)选项：用于设置铺铜边界导线宽度与围绕焊盘的形状，其中 Track Width 设置边界线的线宽；Min Prim Length 用于设置最小图元的长度；Surround Pad With(Arcs 或 Octagons)用于设定围绕焊盘的形状，有圆弧和多边形两种。

　　• Don't Pour Over Same Net Objects 选项：用于设置铺铜的内部填充不与同网络的图元及铺铜边界相连接；

　　• Pour Over Same Net Polygons Only 选项：用于设置铺铜的内部填充只与同网络的铺铜边界及同网络的焊盘相连接；

　　• Pour Over All Same Net Objects 选项：用于设置铺铜的内部填充与所有同网络的图元及铺铜边界相连接，如焊盘、过孔、导线等；

　　• Remove Dead Copper 复选框：用于是否将孤立区域的独立铺铜删除，孤立区域的铺铜往往不与任何制定网络上的图元相连接，一般剔除。

（2）铺铜方法。

• 选择需要铺铜的层（Top Layer 或 Bottom Layer）作为当前工作层；

• 执行 Place→Polygon Pour 铺铜指令，按 Tab 键设置铺铜属性；

• 将"＋"光标移动到铺铜区域的第一个顶点，接下来确定铺铜区域第二个顶点，依次进行至最后一个顶点，构成闭合面释放铺铜指令，即自动完成铺铜，图 5-163 所示是采用矩形铺铜在阻容耦合多级放大器实验电路 PCB 顶层和底层铺铜的 2D 和 3D 显示效果图。

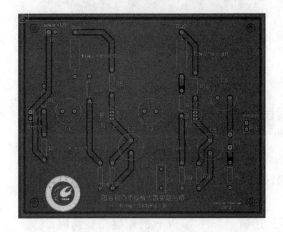

（a）Top Layer 铺铜效果（2D）

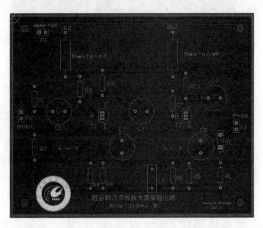

（b）Bottom Layer 铺铜效果（2D）

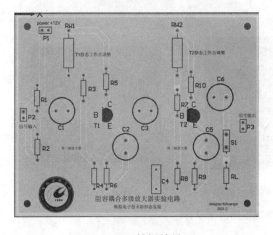

（c）Top Layer 铺铜效果（3D）

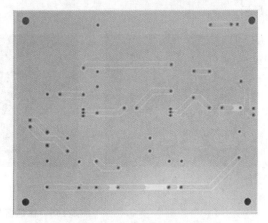

（d）Bottom Layer 铺铜效果（3D）

图 5-163　铺铜效果图

要对铺铜进行修改时，在需要修改的铺铜上双击可以打开铺铜的属性（Properties），重新进行修改以满足设计要求。

单击铺铜选中要删除的铺铜，按 DEL 键即可删除。

（3）铺铜切除。

大家不难看出执行 Place→Polygon Pour 铺铜命令将会在选中区域完整铺铜，如果想要将铺铜区的特定区域去除，如图 5-164 所示的效果又该如何实现呢？

 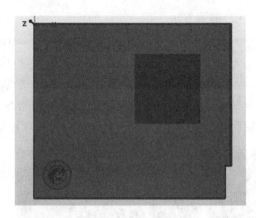

（a）2D 显示效果   （b）3D 显示效果

图 5-164　铺铜区特定区域去除显示效果图

要实现去除铺铜区特定区域的设计方法如下：

• 首先执行 Place→Polygon Pour Cutout 命令；

• 待光标变成"＋"后，在 Top Layer 铺铜区将需要去除铺铜的区域绘制出来，如图 5-165（a）所示；

• 再执行 Place→Polygon Pour 命令按照前述铺铜方法将 PCB 的顶层完整铺铜；

• 右击结束 Polygon Pour 命令，将铺铜区特定区域去除的效果如图 5-165（b）和图 5-165（c）所示。

（a）特定区域设定   （b）去除设计 2D 显示效果   （c）去除设计 3D 显示效果

图 5-165　铺铜区特定区域去除设计

（4）铺铜的分割。

执行 Place→Slice Polygon Pour 命令可实现将已有的铺铜区域按照使用者的设计要求进行分割处理。

• 首先选中要分割的完整铺铜，如图 5-166（a）所示；

• 执行 Place→Slice Polygon Pour 命令，光标变成"＋"后将需要分割的铺铜从起点开始画分割线，画至终点后结束分割操作，则出现分割确认对话框，如图 5-166（b）所示，单击确认，一整块铺铜将被分割成两块，根据需要可以依次进行再分割，如图 5-166（c）和图 5-166（d）所示；

• 如需将分割出来的某一块铺铜删除，直接选中删除，选取另一块后单击 Properties 属性中的 Repour 按钮重新铺铜，则分割效果如图 5-166（e）和图 5-166（f）所示。

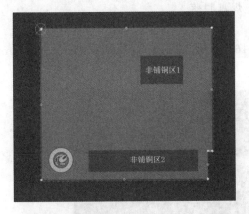

（a）待分割铺铜区域选定　　　　　　（b）分割线设置与分割确认

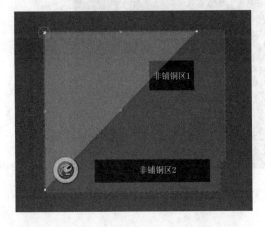
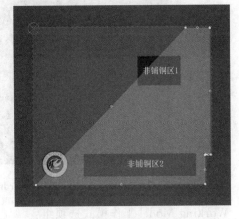

（c）分割出第 1 块铺铜　　　　　　（d）分割出第 2 块铺铜

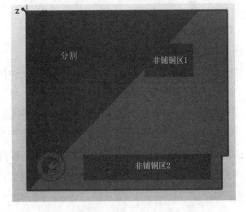

（e）分割删除第 1 块铺铜后 2D 显示效果　　　　（f）分割删除第 1 块铺铜后 3D 显示效果

图 5-166　铺铜分割

◆ 5.9.2　补泪滴

　　PCB 走线设计中导线与焊盘连接处往往需要增大连接面以提升导线与焊盘连接的机械强度，有利于防止 PCB 制造过程中钻孔工艺应力和定位偏差导致的焊盘与导线断裂以及电子装配过程中焊接引力集中导致的连接处断裂，起到增强导线与焊盘之间机械连接强度的作用，也有利于在电子产品维修过程中防止焊接应力对焊盘和导线可能造成的断裂危险，还能增大焊盘、导线与 PCB 材质的附着强度,防止焊盘脱落。

(1)泪滴属性设置。

执行 Tools→Teardrops 命令,弹出如图 5-167 所示 Teardrops 对话框,设置 Teardrops 格式,泪滴参数含义解释如下:

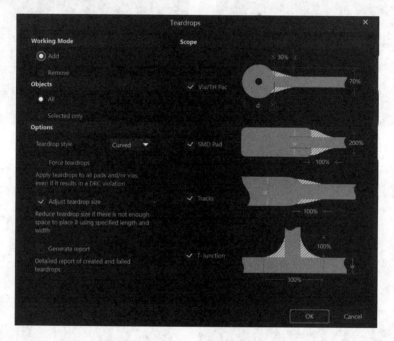

图 5-167   Teardrops 格式设置对话框

Working Model 工作模式选项组:

• Add 单选框:添加泪滴;

• Remove 单选框:移除泪滴。

Objects 选项组:

• All 单选项:选中则全部增删泪滴;

• Selected only 单选项:选中则只对选中的对象增删泪滴。

Options 选项组:

• Teardrop style:泪滴类型选择,一种是 Line(线性)、一种是 Curved(曲线);

• Force teardrops 单选框:勾选则执行强制添加泪滴,不论是否违反布线规则,由于 PCB 面积的限制,往往会导致添补的泪滴不符合安全间距约束值要求;

• Adjust teardrop size 单选框:根据 PCB 添加泪滴区域的有效面积调整泪滴大小,默认勾选;

• Generate report 单选框:用于设置是否生成泪滴添加报告,用于查看添加成功、失败的泪滴的细节信息。

(2)补泪滴基本步骤。

• 执行 Tools→Teardrops 命令,勾选工作模式(Working Mode)中的 Add 增加泪滴模式,设置 Teardrops 格式;

• 单击 OK 确定完成 Teardrops 自动添补,补泪滴效果如图 5-168 所示。

• 移除 PCB 的泪滴时,执行 Tools→Teardrops 命令,勾选工作模式(Working Mode)中的 Remove 移除泪滴模式,单击 OK 移除。

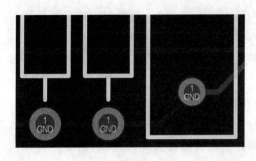
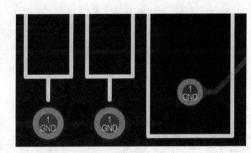

（a）泪滴添补前   （b）泪滴添补后

图 5-168　泪滴添补效果对比

5.10　工程设计中 PCB 常见走线形式与使用方法

　　Altium Designer 20 提供了多种不同的走线形式，比如为实现线路阻抗对称设计的蛇形走线，提供信号线的抗干扰能力的包地线、差分线布线，等等。以下阐述 Altium Designer 20 常见的走线方式实现方法。

◆ 5.10.1　蛇形走线

　　蛇形走线可以在有限的布线区域内增加导线信号线的长度以达到线路阻抗匹配，在短距离无线通信系统开发的射频电路 PCB 的内置天线设计中也需要用到蛇形布线技术来设计内置天线。

　　（1）蛇形布线的属性设置。

　　蛇形布线的属性设置如图 5-169 所示。

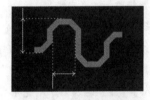

（a）Mitered Lines（线斜接）

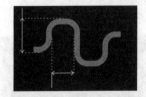

（b）Mitered Arcs（圆弧斜接）

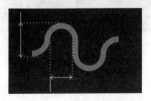

（c）Round（圆形连接）

（d）蛇形走线属性（Properties）设置

图 5-169　蛇形走线属性

- 走线最大幅度与步距：Max Amplitude 为最大幅度值，Step 为幅度增减步距值；
- Space-Step 走线间距值与步距：Space 为走线间距值，Step 为回转直线距离步距值；
- 走线拐角类型 Style：有 Mitered Lines（线斜接）、Mitered Arcs（圆弧斜接）、Round（圆形连接）三种类型；
- Miter-Step：用于设置斜接线比例与增减步距比例。

（2）蛇形走线设计方法。

蛇形走线设计方法有两种，一种是将已设计好的走线修改成蛇形走线，这是一种常用的基本方法；另一种是直接走蛇形布线方法。

①修改为蛇形走线基本方法。选择布线层，执行 Route→Interactive Length Tuning 命令或单击 PCB 编辑器的主工具栏布线按钮▓▓，这种布线方式用于在已布好线的走线上增加蛇形布线，如图 5-170（a）所示。执行 Route→Interactive Length Tuning 命令，光标变成"＋"，移动"＋"到要开始蛇形走线的起点单击确定起始位置，按下 Tab 键修改蛇形走线参数，包括蛇形走线的幅度、拐角类型、步距等，移动鼠标至结束布线位置单击确定结束点，按下 Esc 键结束本次布线操作，即完成一次蛇形布线的添加设计。

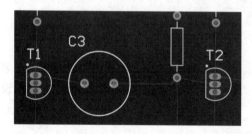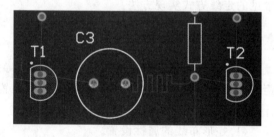

（a）已布好的走线　　　　　　　　　　　　　（b）修改后的蛇形走线

图 5-170　将已经布好的走线修改为蛇形走线

②直接走蛇形布线的基本方法。选择布线层，执行 Place/Track 命令开始布线，按 Shift＋A 组合键进入蛇形布线模式，按 Tab 键设置 Track 的属性，按数字快捷键"1"减小走线拐角弧度，按数字快捷键"2"增大走线拐角弧度，通过快捷键"1"和"2"可以切换走线拐角弧度；按数字快捷键"3"减小蛇形走线间隔，按数字快捷键"4"增大蛇形走线间隔；按符号快捷键"，"控制幅度减小，按符号快捷键"．"控制幅度增加。确定好这些参数后，只需确定布线的起点与终点即可完成蛇形布线，如图 5-171 所示。

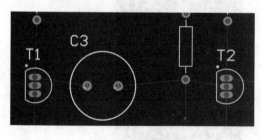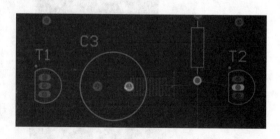

（a）尚未布线的网络　　　　　　　　　　　　（b）直接 Track 走线的蛇形走线

图 5-171　直接蛇形走线布线

◆ **5.10.2　走线的开窗处理**

在大功率电子设备 PCB 设计过程中往往要增加功率部分导线的载流量，在技术上一般是增加导线的走线宽度(Width),但是受 PCB 面积的限制,单纯增加导线的宽度在技术上会给 PCB 的布线带来困难。导线的开窗处理技术就是将系统默认的导线上的阻焊层按照使用者的设计要求去除,在去除阻焊层的走线上喷锡以提升导线的实际厚度,既能增加导线的载流量,又能改善走线的散热效果,这种技术在 PCB 设计技术上常称为走线的开窗处理。图 5-172 所示是某 PCB 的功率部分走线的开窗处理应用实例。

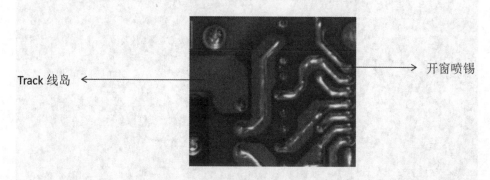

图 5-172　开窗喷锡与 Track 线岛

Altium Designer 20 为设计者在 Top Paste Layer 和 Bottom Paste Layer 提供喷锡工艺设计,但是一般系统在默认走线上采用绿油保护,即阻焊层存在,因此开窗设计就需要首先在 Paste 层完成喷锡设计,再在 Solder 层中画出不需要阻焊的部分用于喷锡处理,如图 5-173 所示。在 Bottom Solder Layer 层使用绘图工具按照电源正极走线添加不需要阻焊的区域,PCB 制造完成后,画出的不需要阻焊的部分将会自动喷锡处理,增加了走线的载流量,也增强了散热效果。

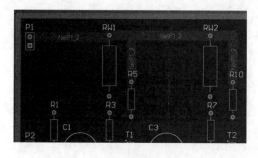
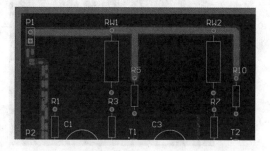

(a)未开窗处理的走线　　　　(b)连续、断续两种开窗处理的走线

图 5-173　Bottom Solder Layer 开窗

◆ 5.10.3　Track 异形加宽走线设计

在实际的布线中单纯地靠补泪滴增加焊盘与导线的衔接往往不足以满足要求,Altium Designer 20 为增强焊盘与导线的连接强度,设置了重复布线功能来完成如图 5-172 所示的 Track 异形加宽走线设计。这个时候就可以采取盘 Track 循环走线手动设计来实现。

首先在 PCB 编辑器下执行 Tools→Preferences 命令,将默认勾选的自动移除循环走线(Automatically Remove Loops)前的"√"去掉以恢复网络循环走线,如图 5-174 所示。设计导线与焊盘连接处的加宽走线时,只要反复单击主工具栏走线 Track 工具,重复进行循环走线锁定统一网络添加到满足使用者需要的线岛形状要求即可,如图 5-175 所示是设计效果。

图 5-174　**Automatically Remove Loops**

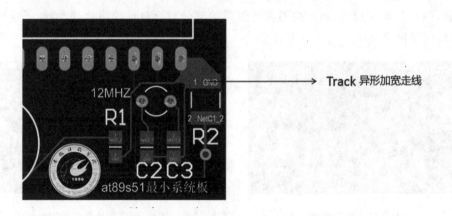

Track 异形加宽走线

图 5-175　**Track 异形加宽设计效果图**

◆　5.10.4　总线布线

　　Altium Designer 20 支持多条网络同时布线,在总线设计中实施同时布线显得十分方便,在走线上也能够实现整齐划一的统一格式,总线布线可以起始于焊盘也可以起始于线路开端。一般通过 Shift 键依次选择多个网络,也可以使用鼠标一次性框选多个网络,再选择菜单命令 Route→Interactive Multi-Routing 或直接单击布线工具栏上的总线布线工具,开始总线布线,在布线过程中使用者通过放置过孔来切换走线层,通过快捷键",",实现分支线的间距减小,通过快捷键"."控制分支线的间距增加。数字快捷键"2"用于添加过孔,快捷键"L"用于控制换层,如图 5-176 所示。

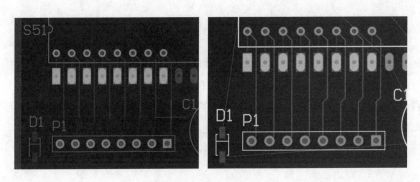

图 5-176 总线布线

◆ 5.10.5 包地布线

在高速信号处理 PCB 设计上往往需要提升线路的抗干扰能力,将敏感信号走线通过包地处理进行屏蔽以提升系统性能,按 Shift 键选中要增加屏蔽线的对象,如图 5-177 所示。执行 Tools→Outline Selected Objects 命令,即自动完成选中对象的屏蔽布线,对需要屏蔽的信号线起屏蔽作用。

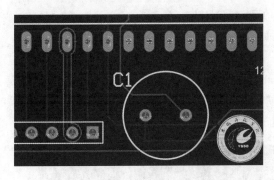

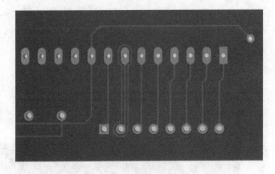

(a)2D 视图   (b)3D 视图

图 5-177 Out Line Objects 设计

接下来双击屏蔽线打开属性(Properties)对话框,将屏蔽线连接到 GND 网络,完成包地走线设计,提高系统屏蔽抗干扰能力,如图 5-178 所示。

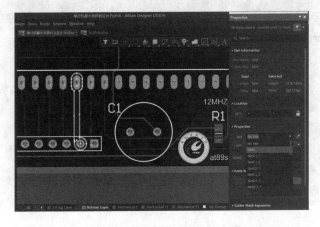

图 5-178 Properties 属性设置中选择 GND 实现包地设计

◆　**5.10.6　差分线设置与布线**

Altium Designer 20 提供了差分线的走线布线工具,方便使用者对工程中需要走差分线的信号进行布线处理,差分线布线的基本设计方法如下:

• 原理图设计中,在需要进行差分线布线的网络上用 Net Label 标号标注需要在 PCB 中差分线布线的线对,网络标号命名为 diff_P、diff_N,如图 5-179(a)所示;

• 执行 Place→Directives→Differential Pair 命令,放置差分线布线符号,如图 5-179(b)所示;

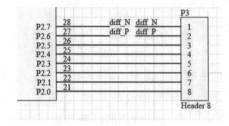

（a）设置网络标识　　　　　　　　　　　　　（b）放置差分线布线符号

图 5-179　差分线的网络标识设计

• 在 PCB 编辑器下,执行 Design→Rules 命令对差分线布线规则进行设置,如图 5-180 所示;

• 完成差分线布线规则设置后,执行 Interactive Differential Pair Routing 命令,将"+"光标移动到开始布线的差分对的起始焊盘上(其中之一),拖动鼠标手动布线,到差分线终端单击差分对中的任一焊盘结束走线,如图 5-181 所示,完成差分线布线。

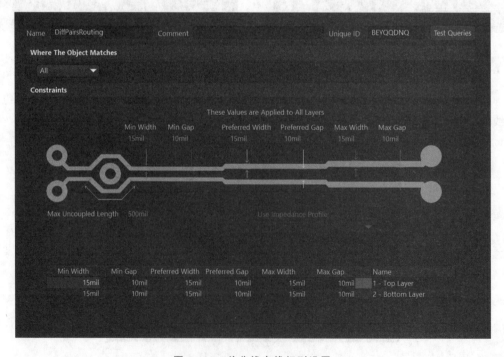

图 5-180　差分线布线规则设置

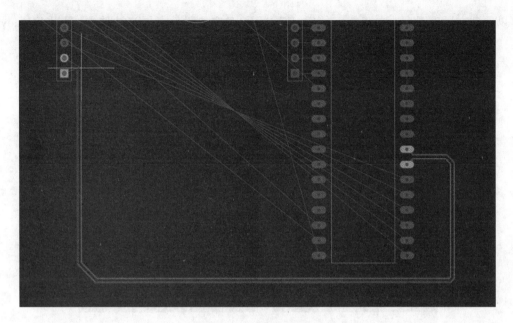

图 5-181 差分线布线

5.11 Altium Designer 20 工程设计中 PCB 编辑器常见的快捷处理方法

Altium Designer 20 工程设计中 PCB 编辑器为使用者提供了快捷的对象操作方法,下面介绍常用的快捷操作方法。

(1)PCB 布线中快速选中特定的网络走线。

快速选中 PCB 布线中的走线网络,首先单击选中该网络中的任意一段,再按下 Tab 键实现该网络的所有走线的选择,即可实现该网络的全选功能,如图 5-182 所示。

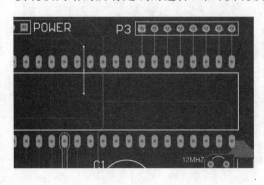

(a)选中其中一段

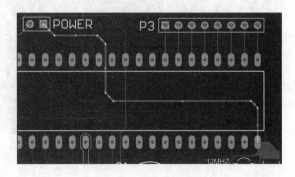

(b)按 Tab 键完成全选

图 5-182 走线网络的筛选

(2)原理图编辑器与 PCB 编辑器元器件交互跟踪。

原理图与 PCB 的交互设置为了方便元件的找寻,需要把原理图与 PCB 对应起来,使两者之间能相互映射,简称交互。利用交互式布局可以比较快速地定位元件,从而缩短设计时间,提高工作效率。

为了达到原理图和 PCB 两两交互,需要在原理图编辑界面和 PCB 设计交互界面中都执行菜单命令"工具-交叉选择模式 Cross Select Mode",激活交叉选择模式,如图 5-183 所示,可以看到在原理图上选中某个元件后,PCB 上相对应的元件会同步被选中,利用 Windows 的 Title Vertically 将编辑器窗口垂直排列,如图 5-184 所示。

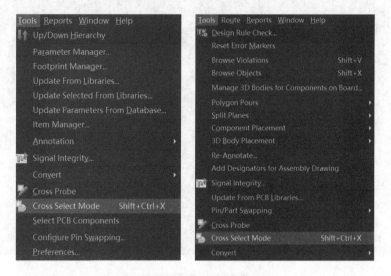

图 5-183 交叉选择模式激活

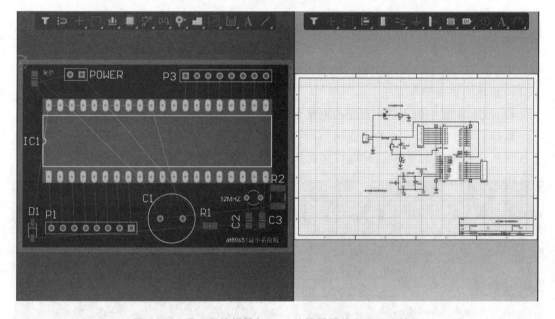

图 5-184 原理图编辑器与 PCB 编辑器器件交互跟踪效果

(3)格栅设置选择。

在原理图编辑环境下,按 G 键方便在操作的同时调出 Grid 格栅设置选择,如图 5-185 (a)所示。

(4)线宽设置选择。

在走线的过程中按 Shift+W 组合键在手动布线的同时调出线宽设置选择,方便更改线宽满足使用者的设计需求,如图 5-185(b)所示。

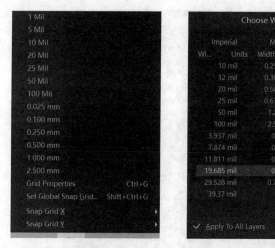

(a)Grid   (b)Width

图 5-185　Grid 与 Width 设置快捷菜单

（5）网络走线的高亮显示。

实际工作中常常需要选择某一网络布线，Altium Designer 20 提供了走线高亮显示功能，按 Ctrl 键的同时单击所要选择的走向网络，即可实现该网络的高亮显示，如图 5-186 所示，如要取消高亮显示，右击选择 Clear Filter 取消。

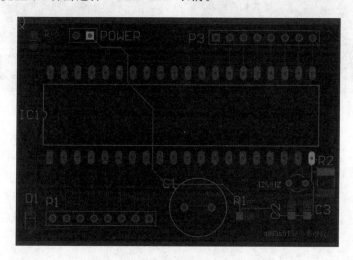

图 5-186　网络走线的高亮显示效果

（6）走线的切片。

在已经完成的布线上可以截除部分走线，Altium Designer 20 提供了走线的斜切功能 Slice Tracks，执行 Edit→Slice Tracks 命令，光标变成"＋"，按 Tab 键设置斜切参数（见图 5-187），这里主要设置斜切的刀刃宽度（Blade Width）和斜切刀刃（Blade Side）类型（左刃 Left、右刃 Right、双刃 Both），这里选择右刃（Right）。将如图 5-188(a)所示的走线斜切一部分，单击确定起点，移动鼠标再单击左键截取，截取的 3D 效果如图 5-188(b)所示。在切片过程中，按 Space 键可以变更斜切刀刃旋转角度步距，默认为 90°步距旋转。

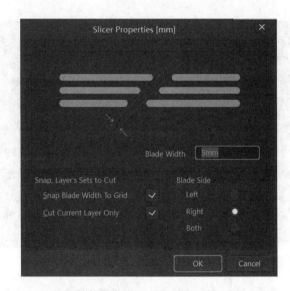

图 5-187 斜切属性

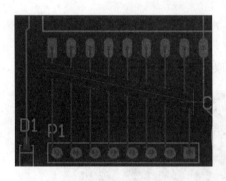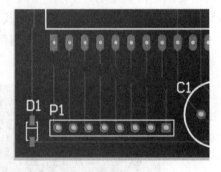

(a)截取过程   (b)截取效果(3D)

图 5-188 走线的斜截效果

第6章 电路原理图符号库与 PCB 封装库设计

通过第 2～5 章的学习,完成电路原理图设计和 PCB 设计需要原理图元件库(Schematic Library)、PCB 封装库(PCB Library)或集成库(Integrated Library)的支持,通常电子设计工作者完成电子系统设计的库来源有以下几种途径:

第一,利用 Altium Designer 20 自带的元件库;

第二,开发者从第三方获得支持 Altium Designer 的元件库,比如从免费公开的网络资源库中下载的元件库或由元器件供应商提供的元件库;

第三,开发者自建元件库。

电子系统的元器件的类型和参数多种多样,新的元器件在不断开发,元器件家族的成员越来越多。软件供应商 Altium 提供的元器件的符号库、封装库、集成库肯定不能包罗万象,因此掌握 Altium Designer Library 的设计方法是电子工程师应用 Altium Designer 进行电子系统 PCB 设计的基础。

利用 Altium Designer 20 进行 PCB 设计必须有元件符号库、封装库或集成库,Altium Designer 20 具有以上元件库的设计功能,软件使用者可以很方便地利用 Altium Designer 20 来构建满足自己设计需要的元件库,便于满足设计需要。Altium Designer 20 自带的建库编辑器有:

(1)原理图符号库(Schematic Library)建库编辑器;

(2)PCB 封装库(PCB Library)建库编辑器;

(3)集成库(Integrated Library)建库编辑器。

6.1 电路原理图符号库设计

◆ 6.1.1 设计基本步骤

创建自己的电路原理图元件和元件库必须在原理图元件库编辑器中设计,原理图元件库编辑器的启动与已经学习的电路原理图编辑器一样。本节以 Altium Designer 20 元件库编辑器的使用详细介绍典型元器件符号库的设计方法。

电路原理图符号库的设计过程:

第一步:在工作 PC 机上建立"Altium Designer 20 库设计"文件夹;

第二步:选择 New→Project,建立 PCB 设计工程"my_first_library_design",保存在 Altium Designer 20 库设计文件夹中;

第三步:选择 New→Schematic Library,启动 Schematic Library 编辑器;

第四步：设计所需要的元件，编辑属性，保存；

第五步：继续新建下一个 Component；

第六步：保存库，备用。

◆ 6.1.2　设计编辑器功能分析

Altium Designer 20 电路原理图符号库设计编辑器如图 6-1 所示，主要包括菜单、元件
列表、绘图工具、编辑窗口等。

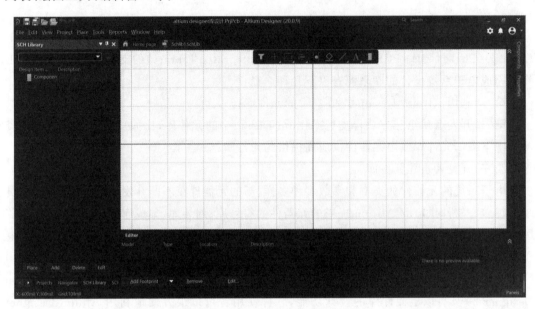

图 6-1　Schematic Library 编辑器

Place 菜单：如图 6-2 所示，该菜单集成了绘制图形的工具，十分方便，这些绘制图形小
工具包括：

放置元器件引脚工具 Pin；

画圆弧工具 Arc；

画圆工具 Full Circle；

画椭圆弧工具 Elliptical Arc；

画椭圆工具 Ellipse；

画直线工具 Line；

画矩形框工具 Rectangle；

画圆弧角工具 Round Rectangle；

画多边形工具 Polygon；

画贝塞尔曲线工具 Bezier；

插入字符串工具 Text String；

插入文本框工具 Text Frame；

图 6-2　Place 菜单

插入图片工具 Graphic... ；

画 IEEE 符号工具 IEEE Symbols 。

其中 IEEE Symbol 的类型如表 6-1 所示。

表 6-1　IEEE Symbol 的类型及含义

序号	符号	含义
1	Dot	放置小圆点符号,通常应用于负逻辑或低电平有效场合
2	Right Left Signal Flow	用于指明信号的方向,从右到左信号流符号
3	Clock	时钟信号符号,用来表示输入以高电平触发
4	Active Low Input	低电平输入有效符号
5	Analog Signal In	模拟信号输入符号
6	Not Logic Connection	无逻辑性连接符号
7	Postponed Output	具有暂缓性输出的符号
8	Open Collector	集电极开路符号
9	HiZ	三态逻辑的高阻抗状态符号
10	High Current	高扇出电流符号,用于电流比较大的场合
11	Pulse	脉冲信号符号,是单晶态元件常使用的符号
12	Delay	延迟符号
13	Group Line	表示多条输入、输出线的符号,即多条 I/O 线组合
14	Group Binary	二进制组合符号
15	Active Low Output	低电平输出有效符号
16	Pi Symbol	π 符号
17	Greater Equal	大于等于符号
18	Open Collector PullUp	具有提高电阻的上拉集电极开路符号
19	Open Emitter	发射极开路符号,其输出具有高阻抗低电平和低阻抗高电平两种状态
20	Open Emitter PullUp	具有提高电阻的上拉发射极开路符号
21	Digital Signal In	数字信号输入符号
22	Invertor	反相器符号
23	Or Gate	或门符号
24	Input Output	双向信号流符号
25	And Gate	与门符号
26	Xor Gate	异或门符号

续表

序号	符号	含义
27	← Shift Left	左移位符号
28	≤ Less Equal	小于符号
29	Σ Sigma	求和符号
30	⎍ Schmitt	施密特触发器输入符号
31	⟶ Shift Right	右移符号
32	◇ Open Output	输出开路符号
33	▷ Left Right Signal Flow	从左到右信号流符号
34	◁▷ Bidirectional Signal Flow	双向信号流符号

Tools 菜单:主要实现对原理图符号库的管理,包括原理图符号的新建、复制、移除、模型、参数管理等具体功能。主要功能有"新建元器件""元件符号集成向导""移除元器件""复制元器件""移动元器件""新建子功能部件""模式选择""查找元器件""参数管理""模型管理""XSPICE 模型集成向导""备份到电路原理图""从数据库备份到参数""生成仿真模型文件""清除服务器连接""库分割向导""SVN 数据库制作""重构引脚交换""文档选项""优先参数"等,如表 6-2 所示。

表 6-2　Tools 菜单功能

序号	符号	含义
1	New Component Symbol Wizard... Remove Component Copy Component... Move Component... New Part Remove Part Mode Find Component... Parameter Manager... Model Manager... XSpice Model Wizard... Update Schematics	• 新建元器件(New Component); • 元件符号集成向导(Symbol Wizard); • 移除元器件(Remove Component); • 复制元器件(Copy Component); • 移动元器件(Move Component); • 新建子功能部件(New Part); • 移除子功能部件(Remove Part); • 模式选择(Mode); • 查找元器件(Find Component); • 参数管理(Parameter Manager); • 模型管理(Model Manager); • XSpice 模型集成向导(XSpice Model Wizard); • 备份到电路原理图(Update Schematics)
2	Update Parameters From Database... Generate SimModel Files... Clear Server Links Library Splitter Wizard... SVN Database Library Maker... Configure Pin Swapping... Document Options... Preferences...	• 从数据库备份到参数(Update Parameters From Database); • 生成仿真模型文件(Generate SimModel Files); • 清除服务器连接(Clear Server Links); • 库分割向导(Library Splitter Wizard); • SVN 数据库制作(SVN Database Library Maker); • 重构引脚交换(Configure Pin Swapping); • 文档选项(Document Options); • 优先参数(Preferences)

续表

序号	符号	含义
3		• 前一个元件(Previous)； • 下一个元件(Next)； • 增加元件(Add)； • 移除元件(Remove)； • 常态模式(Normal)
4		• 新建新的元器件(New Component)； • 移除元器件(Remove Component)； • 元件库第一个元器件(First Component)； • 下一个元器件(Next Component)； • 前一个元器件(Previous Component)； • 最后一个元器件(Last Component)； • 新的子部件(New Part)； • 移除子部件(Remove Part)

Schematic Library 快捷式工具栏：将绘图工具集成在一起便于使用，且将原理图库编辑器的主菜单 Place 全部功能集成在其中，如图 6-3 所示。

图 6-3　绘图快捷工具栏

• 选择工具　：用于选择元件符号相关设置参数；

• 移动工具　：用于对目标对象的移动，旋转以及图层管理；

• 族选工具　：用于一族对象的选取；

• 排列工具　：用于对对象进行排列；

• 引脚工具　：用于放置元器件的引脚；

• IEEE 符号工具　：用于绘制 IEEE 符号；

• 绘图工具　：包含画直线　、画圆　、画圆弧　、画椭圆　、画贝塞尔曲线　、插入图片　等工具；

• 文本工具　：包含编辑字符串　、文本框　；

• 新增元件组件工具　：新增元件中新的组成部分。

6.2　电路原理图符号库编辑器绘图工具的应用方法

◆ 6.2.1　绘制直线

单击工具栏的直线绘制工具 ▨，在绘图工作窗口单击确定直线的起点，拖动鼠标拉出直线，再次单击确定直线终点，然后右击取消绘制，一条直线就绘制完成，如图 6-4 所示。

将光标定位在直线上，双击刚才绘制的直线，就可以打开直线属性编辑对话框，如图 6-5 所示，可以对直线的样式进行编辑。

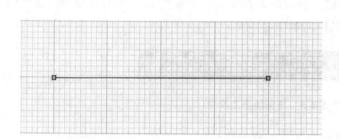

图 6-4　直线绘制

图 6-5　直线属性编辑对话框

直线属性主要有颜色（Line Color），线宽（Line Wide：Smallest、Small、Medium、Large），直线类型（Line Style：实线 Solid、虚线 Dashed、点线 Dotted、点划线 Dash Dotted），直线的起始端形状（Start Line Shape），结束端形状（End Line Shape），直线形状（Line Size Shape）。图 6-6 所示是不同属性直线的对比图。

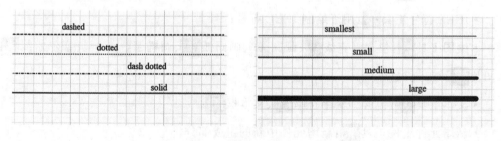

（a）线型　　　　　　　　　　　　　　　　（b）线宽

图 6-6　直线的属性设置对比图

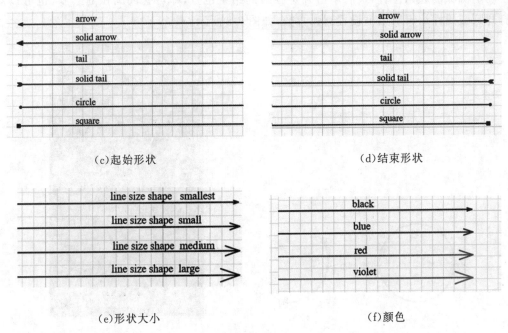

(c)起始形状　　　　　　　　　　　　　　　　(d)结束形状

(e)形状大小　　　　　　　　　　　　　　　　(f)颜色

续图 6-6

在绘制直线过程中,按 Space 键可以实线直线 90°、135°拐弯走线,具有很好的绘制灵活性。用直线绘图工具确定起点后拉出斜直线,尚未确定终点前,重复按 Space 键可获得如图 6-7 所示的 90°、135°拐弯走线效果。

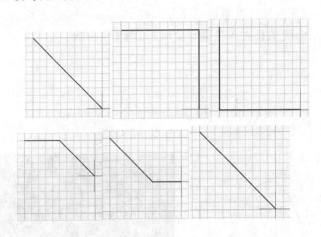

图 6-7　Space 键改变直线走向角度

◆ 6.2.2　圆与圆弧的绘制

绘制圆时,单击工具栏的圆绘制工具，单击确定圆心以确定圆的位置,向外拉开圆,单击确定圆的半径,圆就绘制好了。将光标固定在圆上,双击打开圆的属性编辑对话框,可对圆的线宽 Line Wide、颜色 Color、位置 Location、圆弧的起始角度 Start Angle、圆弧的结束角度 End Angle 进行设置,以满足设计需要。圆弧的绘制与圆的绘制相似,首先单击工具栏的圆弧绘制工具，单击确定圆弧的位置(圆心),拉出圆弧再次单击确定圆弧的半径,然后单击确定圆弧的起始位置,最后单击确定圆弧的结束位置,即可完成圆弧的绘制,也可以双击打开圆弧属性编辑对话框设置圆弧参数,如图 6-8 所示。

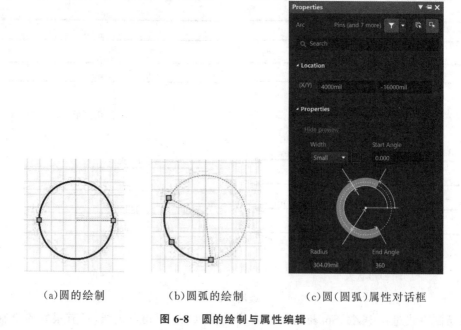

（a)圆的绘制　　（b)圆弧的绘制　　（c)圆(圆弧)属性对话框

图 6-8　圆的绘制与属性编辑

6.2.3　贝塞尔曲线绘制与添加文字标注

正弦波形、抛物线等曲线可以通过贝塞尔曲线(bezier curve)进行拟合实现。正弦波的半波可以利用贝塞尔曲线工具三点法进行绘制,如图 6-9 所示。

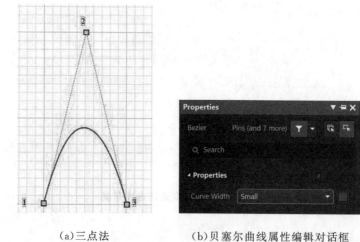

（a)三点法　　　　（b)贝塞尔曲线属性编辑对话框

图 6-9　贝塞尔曲线三点法绘制正弦波半波波形

利用复制、粘贴以及对象的旋转操作,可以很方便地绘制出正弦波波形,通过放置字符串工具 **A** 或文本框 **A=** 实现对正弦波的绘制方法进行标注,效果图如图 6-10 所示。

图 6-11 是利用贝塞尔曲线工具绘制的复杂图形和抛物线。

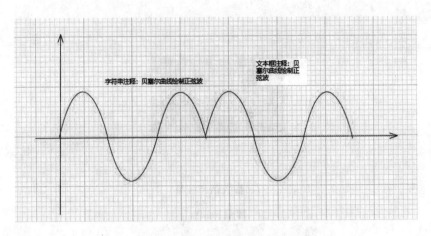

图 6-10　贝塞尔曲线绘制正弦波波形

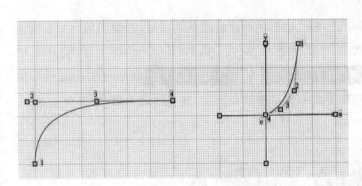 

（a）贝塞尔曲线绘制的抛物线　　　　　　（b）贝塞尔曲线绘制的复杂图形

图 6-11　贝塞尔曲线四点法绘制图形

◆ 6.2.4　图片的插入

单击图片插入工具 ，出现图片框后在绘图编辑窗口确定图片位置并拉出与图片大小一致的图片框，在弹出的调用图片选择对话框中选择图片实现图片载入，如图 6-12 所示。

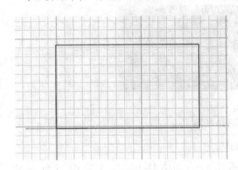 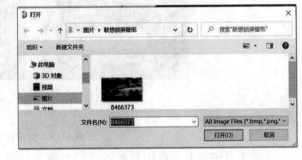

（a）拉框确定图片位置和大小　　　　　　（b）打开图片选择对话框

图 6-12　图片插入方法

(c)插入图片效果

续图 6-12

◆　6.2.5　图片的移层控制

　　在实际的绘制叠加图形过程中，一般先绘制的对象会默认在底层，再绘制的对象自动放在上一层进行叠加，如果要改变对象的图层顺序，执行 Edit → Move 子菜单中的
▇ Bring To Front 、▇ Send To Back 、▇ Bring To Front Of 、▇ Send To Back Of 命令可实现对绘制对象叠加图层位置的调整，其功能依次是将对象放置到最上层、放置到最下层、放置到上一层、放置到下一层，如图 6-13 所示。

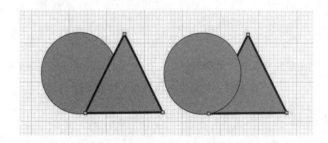

(a)圆与三角形的图层位置变换

(b)文本框置于图片下一层的隐藏效果

图 6-13　图层控制

　　绘图工具中的其他绘图功能的使用方法与这里阐述的绘图方法相似，大家通过自学和实践操作能够很快掌握并灵活运用。

6.3　电路原理图符号库设计实例

　　熟悉了电路原理图符号库设计编辑器的基本组成要素后，我们就可以开始制作一个新的元件符号了,下面以 CPU 芯片集成电路(AT89S51)、变压器(Tr)、运算放大器 LM324、74LS138 四种元件介绍不同类型电子元件电路原理图符号库的设计过程。

◆ 6.3.1 AT89S51 单片机电路原理图符号设计

图 6-14 所示是 AT89S51 实物与电路原理图。

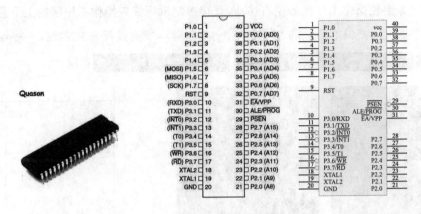

(a)AT89S51 芯片　　　　　　　　　　(b)引脚图

图 6-14　AT89S51 实物与电路原理图

按照前面自制库设计的基本步骤,先新建原理图库设计文件夹,再新建 PCB 设计工程,打开库编辑器,如图 6-15 所示。打开原理图符号库编辑器后默认进入第一个器件设计,默认的元件名称为 Component_1:

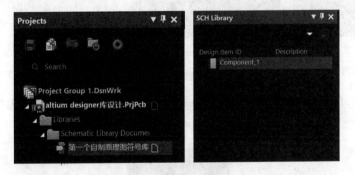

图 6-15　新建原理图库

第一步:在第四象限内绘制矩形框,代表元器件实体外形,如图 6-16 所示。

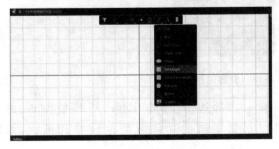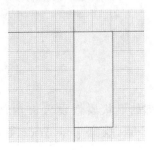

(a)调用画矩形框工具　　　　　　　　　　(b)画框

图 6-16　画 AT89S51 边框

　　第二步：由于 AT89S51 有 40 个引脚，有一定的工作量。调用引脚放置工具，在捕捉的情况下，先编辑第 40 引脚（VCC），按 Tab 键编辑修改引脚功能名称 Name 为 VCC，再修改引脚序号（Designator）为 40，再设置 40 引脚的电气特性（Electrical Type）为 Power，同时可以根据实际需要设置引脚的长度（Pin Length），默认为 300 mil，放置好后如图 6-17 所示。为方便控制工作区，可以使用如下方法：控制 Ctrl＋鼠标滚轮操作工作区的放大和缩小，控制 Shift＋鼠标滚轮操作工作区的左右移动，直接控制鼠标滚轮操作工作区的上下移动。

　　继续放置 AT89S51 的 1～39 脚，其中："PSEN ├─29─" 通过反斜杠实现，"─12○ P3.2(INT0)" 可以通过设置 Outside Edge | Dot、Name | P3.2(I\N\T\0\) 实现。

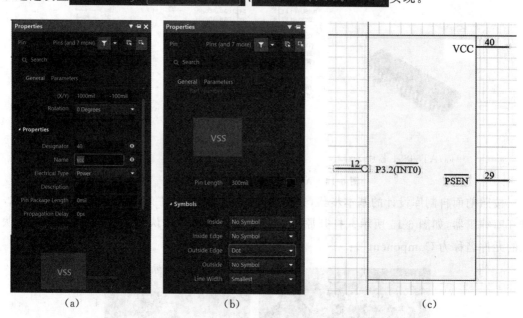

(a)   (b)   (c)

图 6-17　引脚属性编辑与放置

　　引脚的电气类型（Electrical Type）有 8 种，即"输入""输入输出""输出""集电极开路""忽略""高阻抗""发射极开路""电源"，如图 6-18 所示。

图 6-18　引脚的电气类型

　　引脚的形状属性设置有内部 Inside、内部边沿 Inside Edge、外部 Outside、外部边沿 Outside Edge、线宽 Line Wide 等，可以根据引脚的功能方便地设置其形状，如图 6-19 所示。

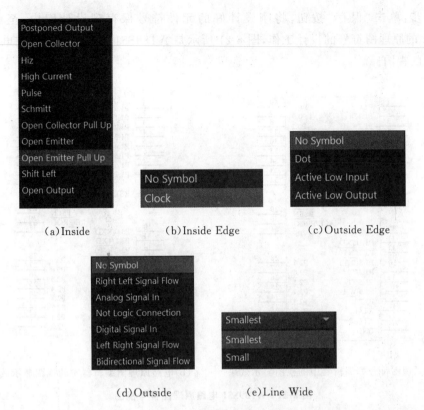

图 6-19　引脚的属性设置

　　所有引脚放置、引脚序号、功能标准设置完成后，单击 Properties ，调出元器件属性编辑对话框，如图 6-20 所示，设置 Design Item ID 为 AT89S51，Designator 为 IC?，Comment 为 S51，Description 为 MCU。

(a)设置前　　　　　　　　　　(a)设置后

图 6-20　元器件属性编辑对话框

第三步:单击"保存"按钮,将刚设计好的元件符号保存到设计库中,至此完成了 AT89S51 的原理图符号的设计工作,图 6-21 所示是 AT89S51 在库编辑器和在电路原理图编辑器中的视图。

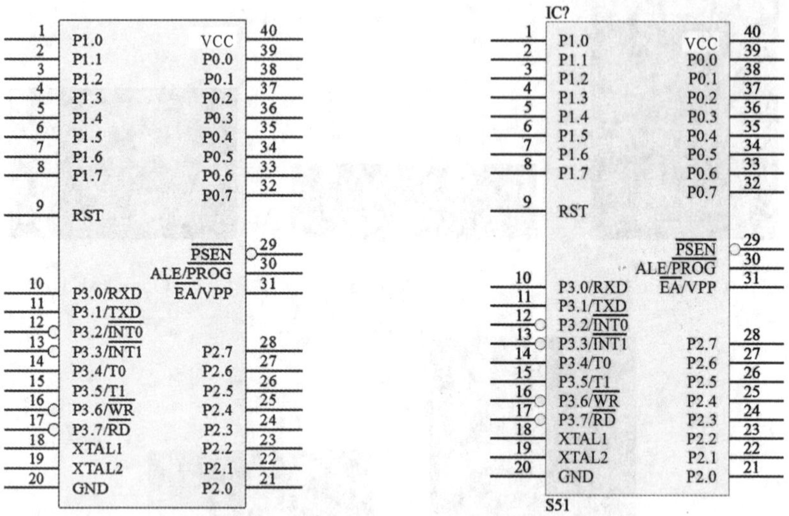

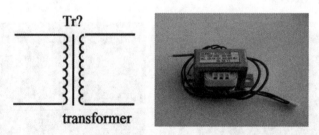

(a)原理图符号库编辑器中的视图显示效果　　(b)电路原理图编辑器中的视图显示效果

图 6-21　AT89S51 电路原理图符号视图

◆ 6.3.2　变压器电路原理图符号设计

本节以图 6-22 所示的变压器电路原理图符号为制作对象,完成变压器 Tr 的电路原理图符号制作并保存在符号库中。

图 6-22　变压器电路符号与实物图

完成 AT89S51 电路原理图符号设计以后,在库编辑器界面,继续在当前库新建变压器电路原理图符号,首先选择 Tools→New Component,出现新建电路元件符号对话框,如图 6-23 所示将新器件命名为 Tr。

图 6-23　新器件命名

这时出现新的器件库编辑器工作窗口,单击 Arc 画圆弧,来制作变压器的线圈。首先画一个半圆弧作为基准,设置圆弧半径为 25 mil,再利用对象的复制、粘贴、旋转等基本编辑方法制作完成变压器初级和次级线圈外形绘制,再用绘制直线工具 绘制直线制作变压器铁芯,如图 6-24 所示。

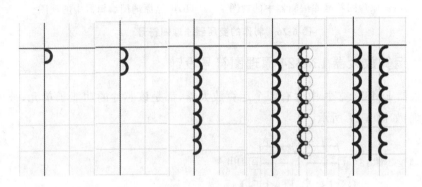

图 6-24 变压器线圈制作过程

在完成变压器线圈和铁芯外形的基础上,单击引脚放置工具 ,添加变压器的四个引脚,按 Tab 键修改引脚属性,单击按钮 将引脚 Properties 的 Designator 和 Name 关闭显示,依次放置 4 个引脚(初级线圈 1 和 2 脚,次级线圈 3 和 4 脚),完成引脚放置后单击元件的标签 Components Properties 修改其属性,Designator 设置为 Tr?,Comment 设置为 transformer,如图 6-25 所示。单击"保存"按钮,完成所设计的变压器元件的入库保存,至此完成了该变压器电路原理图符号的制作,当前该库中已经建立了 AT89S51 和 Tr 两个器件。

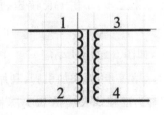

(a)引脚属性编辑　　　　(b)器件属性编辑　　　　(c)变压器电路原理图符号

图 6-25 变压器引脚属性与器件属性编辑

图 6-26 是制作好的该变压器元件符号在原理图符号库编辑器与原理图编辑器中对应的符号视图效果。

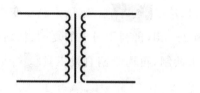 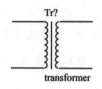

（a）原理图符号库编辑器中的视图　　　（b）电路原理图编辑器中的视图

图 6-26　制作的变压器原理图符号

◆ ### 6.3.3　运算放大器 LM324 原理图符号设计

运算放大器 LM324 芯片中含有四个运算放大器，都是该芯片的功能子单元，彼此独立，共用电源系统，如图 6-27 所示。

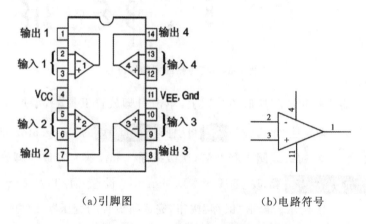

（a）引脚图　　　　　　　　　　（b）电路符号

图 6-27　LM324 引脚图与原理图电路符号

第一步：在完成如图 6-22 所示变压器电路符号的基础上，单击 Tools 菜单下的 New Component，出现如图 6-28 所示的新器件命名对话框，将其命名为 LM324。

 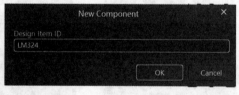

图 6-28　LM324 器件命名

第二步：单击 OK 确定，出现新的器件库编辑器工作窗口，首先制作 LM324 的第一个 Part，用画直线工具 画一个三角形作为 Part 的外形，将直线的默认颜色由黑色修改为蓝色，如图 6-29(a)所示。

第三步：再添加引脚，利用引脚绘制工具 绘制第一个 Part 的 1～3 脚，1 脚为输出端，2 脚为反相输入端、3 脚为同相输入端输入；设置电源正极 4 脚和电源负极 11 脚，编辑引脚电气特性和引脚内外部符号特征，如图 6-29(b)所示。

第四步：按照图 6-30 编辑器件的属性。

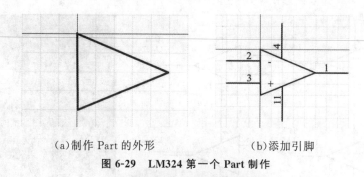

(a)制作 Part 的外形　　　　　　　(b)添加引脚

图 6-29　LM324 第一个 Part 制作

图 6-30　LM324 器件 Properties 编辑

第五步:新建 LM324 的第二个 Part,出现第二个 Part 编辑窗口,按照前述步骤继续制作第二个 Part,此时我们可以在编辑窗口空白处右击调出功能菜单,如图 6-31 所示,单击 Previous Part,然后直接复制第一个 Part 粘贴到当前第二个空白 Part 中进行引脚编辑修改处理实现快速设计,将 2 脚修改成 6 脚,3 脚修改成 5 脚,1 脚修改成 7 脚,电源 4 脚和 11 脚不变,单击"保存",即完成了 LM324 的第二个 Part 制作。

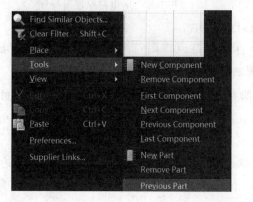

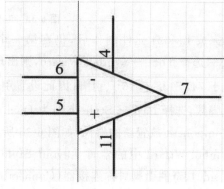

图 6-31　LM324 第二个 Part 设计

第六步:同理,按照第五步的方法继续完成 LM324 的第三个、第四个 Part 的制作,单击"保存",至此 LM324 的电路原理图符号制作完成。图 6-32 所示是 LM324 在电路原理图编辑器中的显示效果。

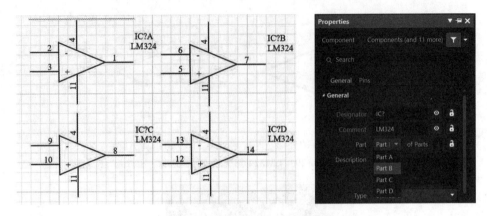

图 6-32　LM324 运算放大器的 Part A、Part B、Part C、Part D

◆　6.3.4　74LS138 译码器电路原理图符号设计

　　本例以 Altium Designer 20.0.9 版本自带的 Symbol Wizard... 符号生成向导作为工具,介绍快速设计 74LS138 译码器电路原理图符号的方法。74LS138 译码器的引脚功能图如图 6-33 所示。

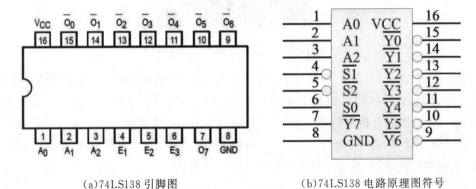

(a)74LS138 引脚图　　　　　　　　(b)74LS138 电路原理图符号

图 6-33　74LS138 引脚图

　　在完成 LM324 元件制作后,仍在第一个自制电路原理图符号库中新建制作新元件 74LS138,选择 Tools→Symbol Wizard,则出现如图 6-34 所示对话框。

　　由于 74LS138 有 16 只引脚,因此设置引脚数为 Number of Pins 16 ,按上下按钮可以增减引脚数,选择 Layout Style 类型为 Dual in-line(双列),单击 Place 下拉菜单选择 Place New Component 放置新的器件,如图 6-35 所示。

　　Symbol Wizard 中的器件 Layout Style 常见类型有:双列式(Dual in-line)、四边形(Quad side)、奇偶引脚对称连接器(Connector zig-zag)、通用排列连接器(Connector)、单列式(Signal in-line)、自定型(Manual),如图 6-36 所示。

　　在完成 Place New Component 后对新符号的引脚进行编辑,修改引脚属性中的 Name、Electrical Type、Outside Edge 等,得到如图 6-37 所示的 74LS138 电路原理图符号。

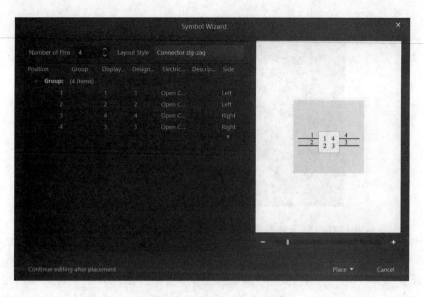

图 6-34　Symbol Wizard 对话框

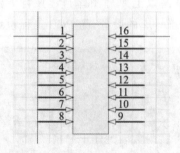

图 6-35　利用 Symbol Wizard 放置向导自动生成的初始符号

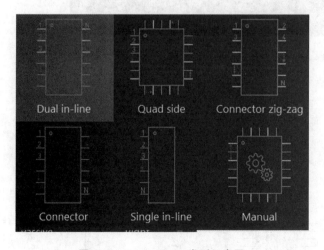

图 6-36　Layout Style 类型示意图

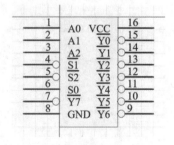

图 6-37　完善引脚属性的 74LS138
电路原理图符号

　　打开元件的 Properties 编辑元件属性,将 Design Item ID 标注为 74LS138,Designator 标注为 IC?,Comment 标注为 74138,单击 Save 按钮,至此 74LS138 电路原理图符号设计完成,在原理图编辑器中调出 74LS138 元件,如图 6-38 所示。

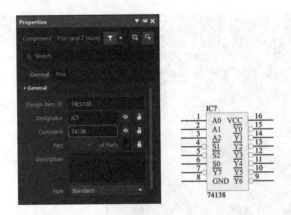

图 6-38　74LS138 元件属性编辑与 74LS138 元件在原理图编辑器中视图

通过 AT89S51、Tr、LM324、74LS138 电路原理图符号设计的制作,我们已经在第一个自制原理图符号库中采用完全自建和 Symbol Wizard 的方法设计了 4 种类型的电子元件电路原理图符号,如图 6-39 所示。以此类推,我们可以在同一个电路原理图符号库中新建多个元件电路原理图符号,巩固掌握以上原理图库自建设计方法,就可以方便地根据 PCB 设计要求独立自主完成电路元件符号库的设计,为 PCB 工程设计奠定重要基础。

(a)第一个自制原理图符号库元件列表

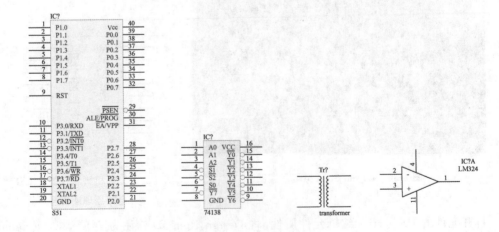

(b)四个自制元件电路原理图符号

图 6-39　第一个自制原理图符号库中的四个自制元件

PCB 符号库设计

PCB 封装设计是 Altium Designer 进行 PCB 设计的关键库。随着电子元器件封装技术的发展,小-薄-轻的元器件应用不断拓展,尽管 Altium 公司提供了丰富的 PCB 封装库且 PCB 封装不断更新扩展,但是实际设计工作还需要独立设计自己的元器件封装库以满足设计需要。本节阐述 Altium Designer 20.0.9 进行 PCB 封装设计的方法。

6.4.1 PCB 封装库设计基本步骤

创建自己的电路元件封装库必须在 PCB 封装库编辑器中进行设计,PCB 封装库编辑器的启动方法与已经学习的电路原理图符号库的编辑器一样。本节以 Altium Designer 20 元件封装库编辑器的使用详细介绍典型元器件封装库的设计方法。

PCB 封装库的设计过程:

第一步:在工作 PC 机上建立"Altium Designer 20 PCB 库设计"文件夹;

第二步:选择 New→Project,建立 PCB 设计工程"my_first_library_design",保存在 "Altium Designer 20 库设计"文件夹中;

第三步:选择 New→PCB Library 启动 PCB Library 编辑器;

第四步:设计所需要的元件封装,编辑属性,保存;

第五步:继续新建下一个器件的封装;

第六步:保存库,备用。

6.4.2 电路封装库设计编辑器功能分析

Altium Designer 20 电路封装库设计编辑器如图 6-40 所示,主要包括菜单、元件列表、绘图工具、编辑窗口等。

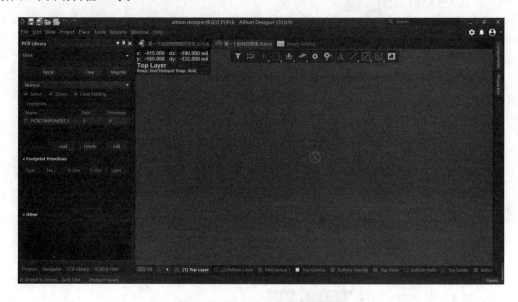

图 6-40 PCB Library 编辑器界面

由于设计对象的不同,PCB Library 编辑器与 Schematic Library 编辑器主菜单 Place、Tools 的功能有明显的不同。

(1)Place 菜单:如图 6-41 和图 6-42 所示,菜单中集成有 PCB Library 绘制图形的工具,十分方便,这些绘制图形小工具包括:

图 6-41　Place 菜单　　　图 6-42　Keepout 工具

- 以定中心绘制圆弧工具 Arc (Center);
- 以定圆弧边界绘制圆弧工具 Arc (Edge);
- 以定圆弧角度绘制圆弧工具 Arc (Any Angle);
- 画圆工具 Full Circle;
- 矩形填充绘图工具 Fill;
- 多边形填充绘图工具 Solid Region;
- 3D 图形绘图工具 Extruded 3D Body;
- 导入 3D 模型工具 3D Body;
- 画直线工具 Line;
- 插入字符串工具 Text String;
- 放置焊盘工具 Pad;
- 放置过孔工具 Via;
- 绘制多边形工具 Polygon Pour Cutout;
- 尺寸标准工具 Dimension。

其中,Keepout 层绘图工具 Keepout 具有如下功能:

- 以定中心绘制圆弧工具 Arc (Center);
- 以定圆弧边界绘制圆弧工具 Arc (Edge);

- 以定圆弧角度绘制圆弧工具 Arc (Any Angle)；
- 画圆工具 Full Circle；
- 矩形填充绘图工具 Fill；
- 多边形填充绘图工具 Solid Region；
- 绘制布线控制范围轨迹工具 Track。

（2）Tools 菜单：主要实现元件封装的设计管理，包括封装的新建、复制、移除、3D 模型、参数管理等具体功能，如表 6-3 所示。

表 6-3　Tools 菜单功能

序号	符号	含义
1	菜单 Tools New Blank Footprint IPC Compliant Footprint Wizard... IPC Compliant Footprints Batch generator... Footprint Wizard... Remove Footprint Footprint Properties... Manage 3D Bodies for Library... Manage 3D Bodies for Current Component... Extract 3D Models... 3D Body Placement Convert Update PCB With Current Footprint Update PCB With All Footprints Add Designators for Assembly Drawing Clear Server Links Library Splitter Wizard... SVN Database Library Maker... Layer Stack Manager... Preferences... Import Mechanical Layers... Export Mechanical Layers...	• 新建新的器件封装（New Blank Footprint）； • 国际电子工业连接协会 IPC（institute of printed circuit）规范封装向导（IPC Compliant Footprint Wizard）； • IPC 规范批量封装生成器（IPC Compliant Footprint Batch Generator）； • 通用封装向导（Footprint Wizard）； • 移除封装（Remove Footprint）； • 封装属性（Footprint Properties）； • 在库中管理 3D 模型（Manage 3D Bodies for Library）； • 在元件中管理 3D 模型（Manage 3D Bodies for Current Component）； • 提取 3D 模型（Extract 3D Models）； • 3D 模型放置（3D Body Placement）； • 转换（Convert）； • 从当前封装备份到 PCB（Update PCB With Current Footprint）； • 全部封装备份到 PCB（Update PCB With All Footprints）； • 增加标志符（Add Designators for Assembly Drawing）； • 清除服务器连接（Clear Server Links）； • 库分隔向导（Library Splitter Wizard）； • SVN 数据库制作（SVN Database Library Maker）； • 板层管理（Layer Stack Manager）； • 优先参数（Preferences）； • 导入机械层（Import Mechanical Layers）； • 导出机械层（Export Mechanical Layers）

序号	符号	含义
2	3D Body Placement 二级子菜单 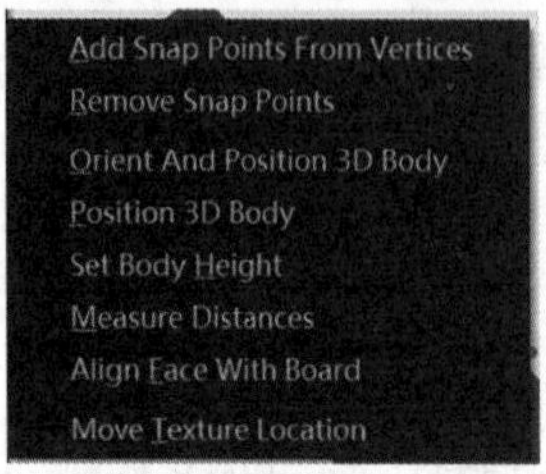 Add Snap Points From Vertices Remove Snap Points Orient And Position 3D Body Position 3D Body Set Body Height Measure Distances Align Face With Board Move Texture Location	3D Body Placement 二级子菜单在 3D 视图下可以使用,非 3D 视图下不可用。 　• 从垂直方向增加捕捉点(Add Snap Points From Vertices); 　• 移除捕捉点(Remove Snap Points); 　• 定向和定位 3D 模型(Orient And Position 3D Body); 　• 定位 3D 模型(Position 3D Body); 　• 设置 3D 的高度(Set Body Height); 　• 测量距离(Measure Distances); 　• 朝向电路板排列对象(Align Face With Board); 　• 移动初始定位(Move Texture Location)
3	Convert 二级子菜单 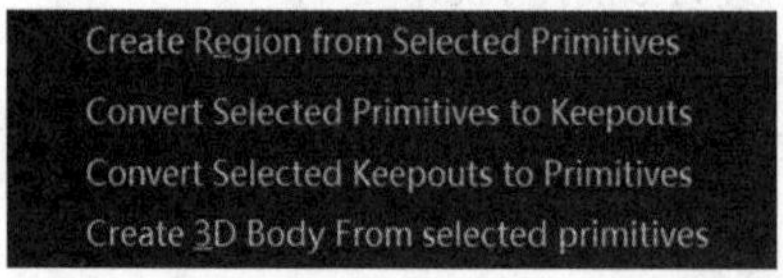 Create Region from Selected Primitives Convert Selected Primitives to Keepouts Convert Selected Keepouts to Primitives Create 3D Body From selected primitives	• 从本体选择创建区域(Create Region from Selected Primitives); 　• 从本体选择转换到禁止层(Convert Selected Primitives to Keepouts); 　• 从禁止层选择转换到本体(Convert Selected Keepouts to Primitives); 　• 创建 3D(Create 3D Body From selected primitives)

　　(3)快捷式工具栏:快捷式工具栏将 PCB Footprint 绘图工具集成在一起便于使用,且将 PCB 库编辑器的主菜单 Place 全部功能集成在其中,具有使用便捷性或灵活性,如图 6-43 所示。

图 6-43　PCB Library 快捷工具

• 选择工具 ▼:用于选择元件符号相关设置参数;

• Snap 工具 ⬚:用于选择 snap 方式;

• 移动工具 ✛:用于对目标对象的移动,旋转以及图层管理;

• 族选工具 ⬚:用于一族对象的选取;

• 排列工具 ⬚:用于对对象进行排列;

• 放置 3D 模型工具 ⬚:用于编辑调用 3D 模型;

• 放置焊盘工具 ⊙:用于放置焊盘;

- 放置过孔工具 :用于放置过孔;
- 文本字符串工具 :添加字符串标注;
- 通用绘图工具 :包含画直线 、画圆 、画圆弧 、画四边形 、画多边形 等工具;
- 放置 Keepout 轨迹工具 :选中 Keepout 层有效,绘制 Keepout 轨迹,包含主要轨迹 Track 、圆弧 Arc (Center) 、实心四边形 Fill 、实心多边形 Solid Region 等选项;
- 放置尺寸标注工具 :用于绘制各式尺寸标注;
- 放置切割多边形 :按照多边形边界进行切割。

6.5 PCB Library 库设计案例

熟悉了 PCB Library 库设计编辑器的基本组成要素后,我们就可以开始制作一个新的元件封装设计了。下面以 CPU 芯片集成电路 AT89S51 CPU 的 DIP40、PLCC-44N 封装与直流电机驱动芯片的 P-TO-263-7 封装为例介绍不同类型电子元件封装的设计过程。

◆ 6.5.1 自制 AT89S51 的封装

AT89S51 的常见 40lead PDIP、44lead TQFP、44lead PLCC 封装如图 6-44 所示,40lead PDIP 封装器件尺寸如图 6-45 所示。

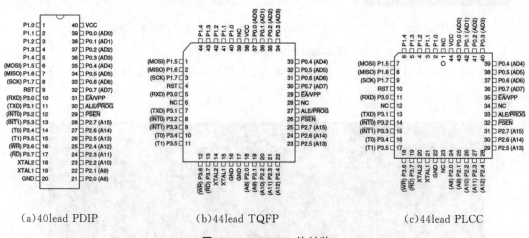

(a)40lead PDIP (b)44lead TQFP (c)44lead PLCC

图 6-44 AT89S51 的封装

(1)通用封装向导 Footprint Wizard 使用方法与 40leader PDIP 设计。

现在以 AT89S51 单片机的 DIP40 封装为例,阐述 PCB Library 编辑器下使用通用封装向导(Footprint Wizard)创建封装的方法与基本步骤。

在前面所建立的 Altium Designer 库设计的工程下,单击 New → Library → PCB Library,出现新建 PCB Library 对话框,将其保存为"第一个自制封装库.PcbLib",如图 6-46 所示。

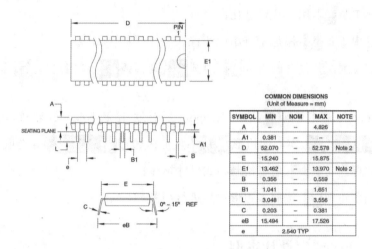

COMMON DIMENSIONS
(Unit of Measure = mm)

SYMBOL	MIN	NOM	MAX	NOTE
A	--	--	4.826	
A1	0.381	--	--	
D	52.070	--	52.578	Note 2
E	15.240	--	15.875	
E1	13.462	--	13.970	Note 2
B	0.356	--	0.559	
B1	1.041	--	1.651	
L	3.048	--	3.556	
C	0.203	--	0.381	
eB	15.494	--	17.526	
e	2.540 TYP			

图 6-45　40lead PDIP 封装器件尺寸

（a）文档结构图　　　　　　　　　　　　（b）新建库文件保存对话框

图 6-46　PCB Library 新建过程

单击 Tools→New Blank Footprint 新建新的封装，Footprint 编辑器界面如图 6-47 所示，⊗表示坐标原点（0,0）。

图 6-47　New Blank Footprint 编辑界面

执行 Tools→Footprint Wizard 命令后弹出向导设计对话框，单击 Next，选择 DIP（Dual In-

line Packages)形式,单击 Next,根据图 6-45 所示的 40lead PDIP 尺寸计算,设置孔径为 14 mil
(0.356 mm)、焊盘为 28 mil,单击 Next 设置引脚间距 100 mil(2.54 mm)、双列引脚中心距 600
mil(15.24 mm),单击 Next 设置元件边界线宽度 10 mil,单击 Next 设置引脚数为 40,单击 Next
确认封装命名,单击 Next 确认,单击 Finish 完成设计,则生成 AT 89S51 的封装 40lead PDIP 封
装过程如图 6-48 所示,封装效果如图 6-49 所示。

(a)调出 Footprint Wizard 对话框

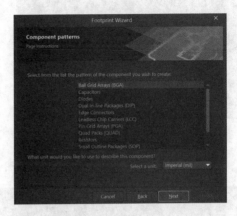

(b)选择 Footprint Wizard 封装类型

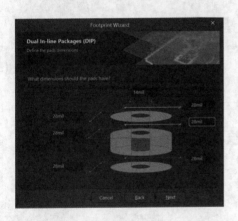

(c)根据封装尺寸设置过孔与焊盘大小

(d)设置引脚间距和双列引脚中心距

(e)设置元件边界线宽度

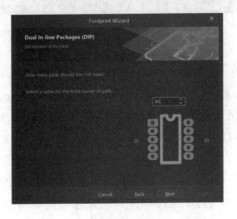

(f)设定引脚数

图 6-48 利用 Footprint Wizard 向导设计过程

(g)命名封装

(h)确认完成设计

续图 6-48

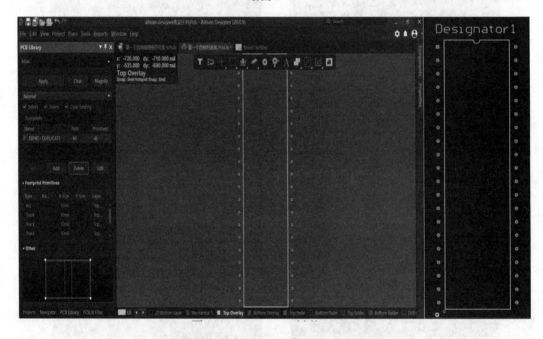

图 6-49　AT89S51 封装 40 lead PDIP

单击 Place 下的 Extruded 3D Body 提取 3D 模型,按照 DIP40 的器件边界四个顶点设置 3D 拉深区域,获得 DIP40 3D 封装,如图 6-50 所示。

至此我们利用 Altium Designer 的 PCB Library 的 Footprint Wizard 完成了 AT89S51 DIP 封装的设计,并提取了器件的 3D 模型,增强了设计预览效果。

(2)IPC Compliant Footprint Wizard 使用方法与 44lead PLCC 封装设计。

下面介绍利用 IPC 规范封装向导进行 AT89S51 的 PLCC-44N 封装设计的过程,已知 AT89S51 的 PLCC-44N 封装尺寸如图 6-51 所示。

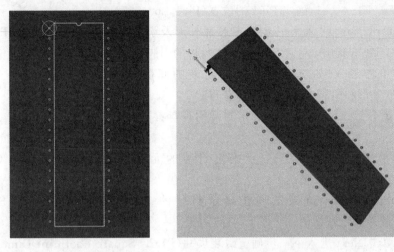

(a)3D 模型提取　　　　　　(b)3D 视图下的显示设计效果

图 6-50　DIP40 3D 封装设计

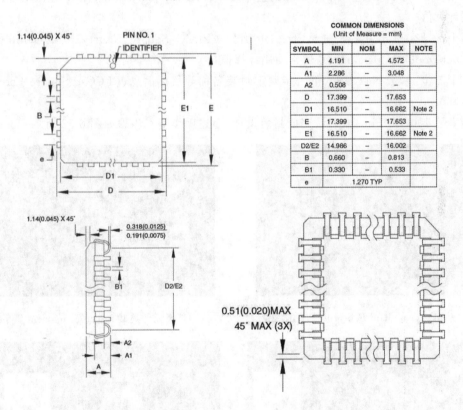

SYMBOL	MIN	NOM	MAX	NOTE
A	4.191	–	4.572	
A1	2.286	–	3.048	
A2	0.508	–	–	
D	17.399	–	17.653	
D1	16.510	–	16.662	Note 2
E	17.399	–	17.653	
E1	16.510	–	16.662	Note 2
D2/E2	14.986	–	16.002	
B	0.660	–	0.813	
B1	0.330	–	0.533	
e	1.270 TYP			

图 6-51　PLCC-44N 封装尺寸

IPC Compliant Footprint Wizard 使用步骤如下:

第一步:单击 IPC Compliant Footprint Wizard;

第二步:单击 Next 进入下一步,选择器件的封装类型(Select Component Type)为 PLCC;

第三步:单击 Next 进入下一步,确定封装外形尺寸(PLCC Square Package Overall

Dimensions)D1、E1、A、A1，确定 Pin1 的位置(Pin1 Location)；

第四步：单击 Next 进入下一步确定芯片外形及引脚尺寸(PLCC Square Package Pin Dimensions)B、D、L，其中 L＝A1－A2，确定每边的引脚数(11)；

第五步：单击 Next 进入下一步确定封装的间隙参数(PLCC Square Package Toe Spacing)，根据外形和引脚参数自动计算获得；

第六步：单击 Next 进入下一步确定封装的焊盘参数(PLCC Square Solider Fillets)，通常使用默认值；

第七步：单击 Next 进入下一步确定封装的元件精度(PLCC Square Component Tolerances)，通常使用计算值；

第八步：单击 Next 进入下一步确定封装的 IPC 规范精度(PLCC Square IPC Tolerances)，通常使用默认值；

第九步：单击 Next 进入下一步确定封装尺寸(PLCC Square Footprint Dimensions)，通常使用计算值；

第十步：单击 Next 进入下一步确定丝印尺寸(PLCC Square Silkscreen Dimensions)，通常使用计算值；

第十一步：单击 Next 进入下一步确定(PLCC Square Courtyard Assembly and Component Body Information)，通常使用计算值；

第十二步：单击 Next 进入下一步确定封装名称等目标信息(PLCCsq Square Footprint Description)；

第十三步：单击 Finish，确认完成封装设计，上述操作基本步骤如图 6-52 所示。

(a)启动 IPC Compliant Footprint Wizard 工具

(b)选择元件类型 Select Component Type

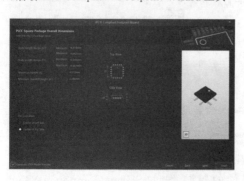

(c)PLCC Square Package Overall Dimensions

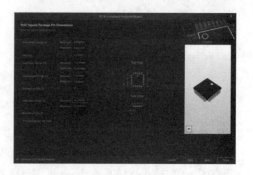

(d)PLCC Square Package Pin Dimensions

图 6-52　IPC compliant footprint wizard 基本设计流程

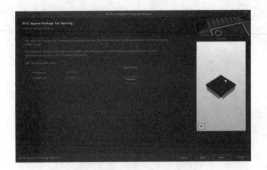

（e）PLCC Square Package Toe Spacing

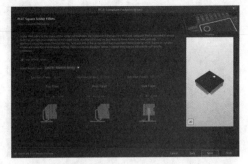

（f）PLCC Square Solider Fillets

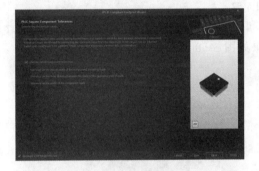

（g）PLCC Square Component Tolerances

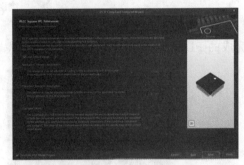

（h）PLCC Square IPC Tolerances

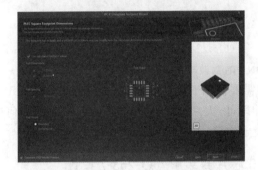

（i）PLCC Square Footprint Dimensions

（j）PLCC Square Silkscreen Dimensions

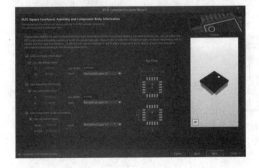

（k）PLCC Square Courtyard Assembly and
Component Body Information

（l）PLCCsq Square Footprint Description

续图 6-52

（m）Footprint Destination

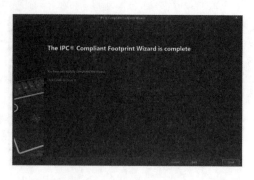
（n）IPC Compliant Footprint Wizard is complete

续图 6-52

根据 AT89S51 的 PLCC-44N 封装尺寸，利用 IPC Compliant Footprint Wizard 设计向导完成的 PLCC-44N PIN 封装与 3D 显示效果如图 6-53 所示。

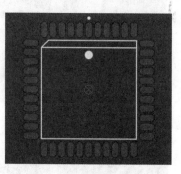
（a）3D 模型提取

（b）3D 视图下的显示设计效果

图 6-53   AT89S51 PLCC-44N PIN 封装与 3D 显示效果

读者若要完成 44lead TQFP 封装设计，只需要调用 IPC Compliant Footprint Wizard 设计向导调用对应的 Component Type 完成设计即可，大家可以尝试自学完成，以掌握如何根据器件供应商提供的封装尺寸参数一步一步设定实现。

◆ 6.5.2 直流电机驱动芯片 BTS 7960 芯片封装 P-TO-263-7 设计

图 6-54 是直流电机驱动芯片 BTS 7960 外形与封装尺寸。

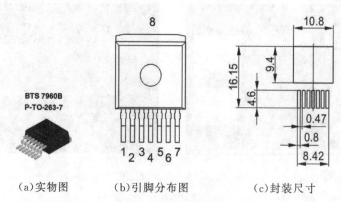
（a）实物图   （b）引脚分布图   （c）封装尺寸

图 6-54   BTS 7960 实物图、引脚分布图及封装尺寸（单位为 mm）

在设计完成 DIP 封装设计后，在同一元件库下，选择 Tools→New Blank Footprint 开始新的器件封装设计。

第一步：单击主菜单 View→Toggle Units 将英制单位切换为 mm，同时切换到 Top Overlay 层，在该层以坐标原点为基准利用绘制轮廓工具 Line 在第四象限内绘制 BTS 7960 的外形轮廓，如图 6-55 所示。

图 6-55　BTS 7960 封装轮廓绘制

第二步：添加焊盘，根据其封装尺寸，该器件是 SMT 器件。其焊盘参数为：

引脚 1～7 焊盘属性：矩形，$x=0.8$ mm，$y=4.6$ mm；

……

引脚 8 焊盘的坐标（5.4 mm，1 mm），焊盘属性：矩形，$x=10.8$mm，$y=2$mm（可以根据器件需要自主设置）。

选择 Top Layer 层，单击焊盘工具，按 Tab 键，设置焊盘参数，焊盘序号从 1 开始，依次放置焊盘 1～焊盘 7，然后编辑焊盘 1 和焊盘 7 的位置，锁定焊盘 1 和焊盘 7，如图 6-56 所示。

（a）设置焊盘尺寸形状　　　（b）锁定焊盘 1 位置　　　（c）锁定焊盘 7 位置

图 6-56　焊盘属性编辑与焊盘 1、焊盘 7 定位锁定

以焊盘 1 和焊盘 7 为基准,利用对象排列(Align)功能,将焊盘 1~焊盘 7 均匀排列好,完成焊盘 1~焊盘 7 的准确定位,如图 6-57 所示。

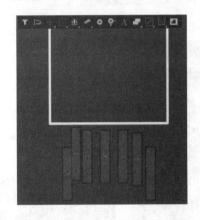

(a)定位焊盘 1 和焊盘 7,排列前　　　　(b)根据焊盘 1 和焊盘 7 基准排列后

图 6-57　焊盘放置方法

第三步:完成焊盘 8 的放置。单击焊盘放置工具,设定焊盘形状、大小和坐标,锁定焊盘 8。单击 Footprint Properties... ,将封装命名为:P-TO-263-7,保存,至此完全自主设计的 P-TO-263-7 制作完成,如图 6-58 所示。

(a)焊盘 8 放置　　　　　　(b)封装命名　　　　　　(c)PCB 编辑器调出效果

图 6-58　焊盘 8 放置与封装命名

为使封装具有 3D 效果,单击 Place 下的 Extruded 3D Body,在封装的外形上绘制 3D 模型,切换至 3D,则完成 3D 封装设计,如图 6-59 所示。

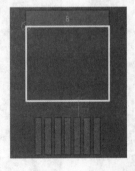 

图 6-59　3D 封装模型添加与 3D 显示效果

至此我们已经在自制封装库中采用三种设计方法设计了三种类型的封装"DIP40""P-TO-263-7""PLCC-44N",如图 6-60 所示。

(a)PCB Library 视图　　(b)PCB 编辑器中库封装视图　　(c)3D 显示对比

图 6-60　自制封装库中的自建器件封装

由于自带的 3D 模型工具相对简易,更细致的 3D 模型封装设计将在 6.6 节中介绍。

在如图 6-60(a)所示 PCB Library 工作窗口中,可以利用 Place、Add、Delete、Edit 按钮对所设计封装库中的封装进行管理,电子设计工作者可以方便快捷地对封装库进行管理和维护。

Place:单击 Place 将选中的封装放置到 PCB 上;

Add:在库中新增一个封装(默认名称为 PCB Component_1);

Delete:从库中删除;

Edit:对选中的封装进行编辑。

同时,我们还可以利用鼠标右键调出如图 6-61 所示的功能菜单,方便实现新建、向导、移除、封装属性设置、查找第一个封装、查找最后一个封装、查找前一个封装、查找后一个封装等。

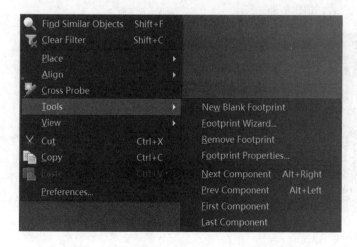

图 6-61　PCB Library 编辑器右键功能菜单 Tools

6.6　3D 封装的设计

通过前面的学习,大家已经掌握了器件的封装二维设计方法和 Altium Designer 20.0.0 自带的 3D 封装模型设计提取技术,本节介绍如何利用器件供应商提供的封装设计资料进行 3D 封装设计的基本方法。

从 TI 公司官网下载 S-PDSO-G8 器件封装参数作为该封装设计依据,如图 6-62 所示。

下载 DGK0008A.stp 三维文件作为 3D 封装设计的支撑文件,备用。

第一步:打开封装库设计编辑器,按照 S-PDSO-G8 封装尺寸设计二维封装。首先在 Over Layer 层完成器件的边界规划,按照 S-PDSO-G8 尺寸完成贴片器件的焊盘设计,如图 6-63 所示。

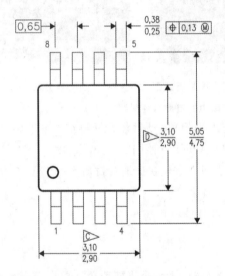

图 6-62　S-PDSO-G8 封装参数

图 6-63　S-PDSO-G8 封装的二维设计

第二步:执行 Place 菜单放置 3D Body,选取由 TI 供应商提供的 S-PDSO-G8 的 3D 文件(DGK0008A.stp),如图 6-64 所示。

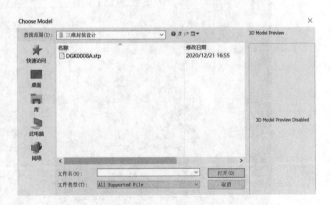

(a)Place 菜单　　　　　　(b)获取.stp 文件对话框

图 6-64　3D 模型放置方法

第三步:将 3D 模型准确叠加在 2D 模型上,如图 6-65(a)所示,开启 3D 显示效果,则该器件的 3D 封装设计效果如图 6-65(b)所示。

(a)叠加 3D 模型的 2D 显示效果   (b)3D 封装设计效果

图 6-65　3D 封装设计效果

6.7　集成库 Integrity Library 设计

集成库 Integrity Library 是将电路原理图符号与其对应的封装集成在一起,使用集成库进行 PCB 设计将减少使用电路原理图符号库设计制作 PCB 时需要添加元件封装的麻烦,提升了工程设计效率。本节将系统阐述利用 Altium Designer 20 设计集成库 Integrity Library 的基本方法。在 Altium Designer 20 中设计集成库时,Integrity Library 将作为独立的工程进行设计处理,发布后能脱离原设计数据库独立使用。

◆ 6.7.1　新建集成库 Integrity Library 设计工程

在前面设计的 Altium Designer 库设计工程(altium designer 库设计.PrjPcb)下,选择 File→New→Integrated Library,进入集成库设计工作环境,如图 6-66 所示,此时集成库尚未新建电路原理图符号和 PCB 封装设计源文件,处于空白状态。

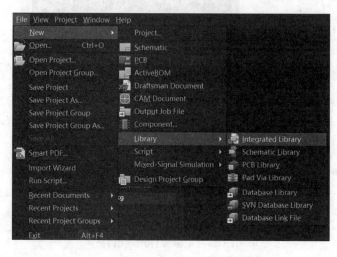 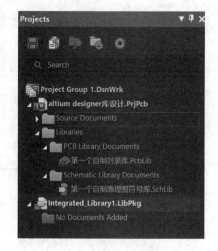

(a)执行新集成库设计命令   (b)集成库工程结构

图 6-66　新建 Integrated_Library1. LibPkg 新建

集成库设计基础是电路原理图符号设计和 PCB 封装设计,表 6-4 是常见的贴片元件的尺寸。

表 6-4　常见的贴片元件的尺寸

英制 /Inch	公制 /mm	长 L /mm	宽 W /mm	高 h /mm	电极顶部 宽度 A/mm	电极底部 宽度 B/mm
0201	0603	0.60 ± 0.05	0.30 ± 0.05	0.23 ± 0.05	0.10 ± 0.05	0.10 ± 0.05
0402	1005	1.00 ± 010	0.50 ± 0.10	0.30 ± 0.10	0.20 ± 0.10	0.20 ± 0.10
0603	1608	1.60 ± 0.15	0.80 ± 0.15	0.40 ± 0.10	0.30 ± 0.20	0.30 ± 0.20
0805	2012	2.00 ± 0.20	1.25 ± 0.15	0.50 ± 0.10	0.40 ± 0.20	0.40 ± 0.20
1206	3216	3.20 ± 0.20	1.60 ± 0.15	0.55 ± 0.10	0.50 ± 0.20	0.50 ± 0.20
1210	3225	3.20 ± 0.20	2.50 ± 0.20	0.55 ± 0.10	0.50 ± 0.20	0.50 ± 0.20
1812	4832	4.80 ± 0.20	3.20 ± 0.20	0.55 ± 0.10	0.50 ± 0.20	0.50 ± 0.20
2010	5025	5.00 ± 0.20	2.50 ± 020	0.55 ± 0.10	0.60 ± 0.20	0.60 ± 0.20
2512	6432	6.40 ± 0.20	3.20 ± 0.20	0.55 ± 0.10	0.60 ± 0.20	0.60 ± 0.20

此处以贴片电阻元件 0603 和贴片电容元件 0805 作为集成库中的两种元件案例阐述集成库的设计过程。

◆ 6.7.2　在集成库中新建电路原理图符号子库

在当前集成库工程下,单击 New→Library→Schematic Library,新建原理图符号库,并命名为"电路原理图符号子库",按照前面所学的电路原理图符号库设计的基本方法,首先在该原理图符号子库中设计电阻元件 SMT＿R、电容元件 SMT＿C 的电路原理图符号,如图 6-67 所示。

(a)集成库中新建电路原理图符号子库　　　　(b)新建电路原理图符号子库后的文档结构图

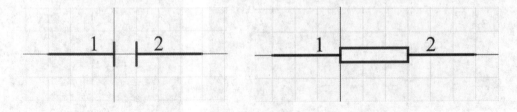

(c)新建电容元件原理图符号　　　　　　　(d)新建电阻元件原理图符号

图 6-67　新建原理图符号库创建电容、电阻原理图符号

◆ 6.7.3　在集成库中新建电路 PCB Library 子库

贴片元件 0603 和 0805 的封装焊盘尺寸如图 6-68 所示。

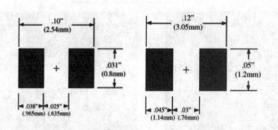

图 6-68　贴片元件 0603、0805 封装焊盘尺寸

在当前工程下,单击 New→Library→PCB Library,新建 PCB Library,并命名为"PCB
封装子库",按照前面所学的电路封装库设计的基本方法,首先在该封装子库中设计电阻元
件 SMT_R 的 0603 封装、电容元件 SMT_C 的 0805 封装符号,如图 6-69 所示。

(a)集成库中新建 PCB 封装子库　　　　　　　(b)新建 PCB 封装子库后的文档结构图

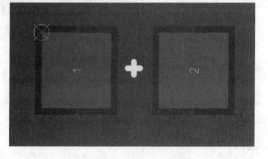

(c)新建 0603 电阻元件封装　　　　　　　　(d)新建 0805 电容元件封装

图 6-69　新建原理图符号库创建电容、电阻原理图符号

◆　**6.7.4　集成库编译输出与应用**

在制作完成上述基础电路原理图符号子库、PCB 封装子库后,集成库的编译运用就是设
计集成库的关键步骤。

Step1:打开电路原理图符号子库,将对应的封装 0805 匹配到电路原理图符号 SMT_C
上,如图 6-70 所示,选中属性参数设置中的 Footprint,单击 Add 增加 Footprint,出
现图 6-70(b)对话框,单击浏览 Browse,选择刚才设计的封装子库中的 0805,单击 OK 确定
退出,保存。

(a)Add Footprint　　　　　　(b)Select Footprint

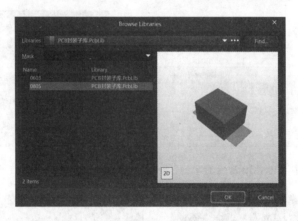

(c)匹配 0805

图 6-70　SMT_C 与 0805 匹配过程

　　Step2:按照第一步的方法,将对应的封装 0603 匹配到电路原理图符号 SMT_R 上,如图 6-71 所示,选中属性参数设置中的 Footprint,单击 Add 增加 Footprint,单击浏览 Browse,选择刚才设计的封装子库中的 0603,单击 OK 确定退出,保存。至此设计集成库的底层文件就准备好了。

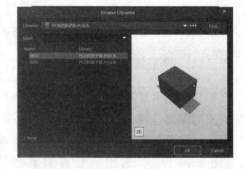

(a)Add Footprint　　　　(b)Select Footprint　　　　　(c)匹配 0603

图 6-71　SMT_C 与 0603 匹配过程

　　Step3:选中集成库,单击 Project 菜单中的“Compile Integrated Library Integrated_Library1. LibPkg”进行编译处理,编译通过后,单击“保存”,该集成库就可以供第三方用于工程设计。

集成库编译后自动将能够独立使用的集成库输出到"Project Outputs for Integrated_Library1_自制"文件夹中保存,编译后的输出库文件就可以供第三者设计安装使用,如图 6-72 所示。

(a)集成库加载　　　　　　　　　　　(b)集成库元件列表

图 6-72　安装使用

6.8　元器件封装设计中元器件的 0°位置确定

元器件封装设计中元器件的 0°位置确定是保障 PCB 设计与 SMT 工艺编制科学合理的关键,这里需要充分掌握 SMT 器件的包装标准——IPC-7351 标准和 EIA-481 标准。EIA-481 标准的颁布早于 IPC-7351 标准,当两种标准在 PCB 设计与 SMT 工艺设计之间混用时,PCB 设计工程师就要充分考虑 SMT 器件的封装设计中元器件的 0°位置确定,以保证 PCB 设计与 SMT 工艺设计的衔接。

IPC-7351 标准规定封装摆放角度的时间要滞后于 EIA-481 标准的实际运用,半导体生产工厂往往不能立刻根据 IPC-7351 标准做出调整,同时 IPC-7351 标准的条款没有关于 EIA-481 标准更详细的规定。当半导体生产工厂继续执行 EIA-481 标准时,如何协调处理二者执行时存在的技术问题,生产出合格的 PCB 产品,就要求制图工程师结合实际情况确定。

◆　6.8.1　封装设计的 0°位置确定规范

封装设计的 0°位置基本要求:封装设计要求与 SMT 器件的编带包装放置方向保持一致(编带孔即 0°位置),同时确保引脚 1 的位置关系一致。

•编带包装:编带定位孔在左边,元件在编带中摆放位置,元件的封装与其保持一致,即 PCB 封装 0°位置与编带一致,如图 6-73 所示。

•塑料管包装:1 号引脚(芯片的小圆圈)对准左上角。

•盘装:1 号引脚(芯片的小圆圈)对准左下角。

•特殊情况处理:(1)当同时出现"编带包装"和"塑料管包装"的时候,如 LM324 依照编带包装,当改装一管只有 50 片的塑料管状包装时,换料很麻烦,且抛料率远高于编带包装。

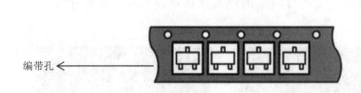
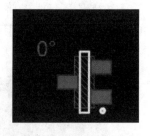

（a)编带器件放置方向　　　　　　　　　　（b)元件封装 0°位置

图 6-73　0°位置确定

（2)相同型号出现不同摆放角度的可能性非常小,PCB 设计使用者需要多调查供应商,按照主流角度摆放。

• 遵守行业内普遍通行的规律:所有二极管类的负极都朝向编带的定位孔。

◆ **6.8.2　几类常用元件的封装设计的 0°位置要求**

第 1 种封装规格:对于 SOD-123、LL-34、贴片 LED(0603 LED、0805 LED)等二极管,严格遵循左边是阴极(-),右边是阳极(+),与编带的方向保持一致。

第 2 种封装规格:对于 A 型、B 型、C 型、D 型等贴片钽电容,严格遵循左边是负极(-),右边是正极(+);为保证钽电容在 SMT 贴片中极性不贴反,封装库里贴片钽电容的摆放方向与贴片钽电容编带的方向应严格保持一致。

第 3 种封装规格:对于 SOT-23,严格遵循左边是一个焊盘,右边是两个焊盘。

第 4 种封装规格:对于 SOIC-8 和 SOP-8(统称 SOIC-8 器件,SOIC-8 器件在封装库里的摆放图遵循 Pin1 脚在左下角),封装库里 SOIC-8 器件的摆放方向与 SOIC-8 器件编带的方向应严格保持一致。

第 5 种封装规格:对于贴片排阻、排容(如 0402x2、0603x2、0402x4、0603x4)等,单个阻容单元的两个焊盘必须严格按上下位置摆放,不能按左右位置进行摆放。

第 6 种封装规格:LQFP-48、LQFP-64、LQFP-100(STM32 芯片)STM32 芯片在封装库里的摆放图严格遵循 Pin1 脚在左下角,封装库里芯片的摆放方向与 STM32 芯片编带的方向应严格保持一致。

第 7 种封装规格:两个引脚的贴片电阻电容(0402、0603、1206 等),属于无极性器件,在封装库中必须水平放置(0°或 180°),而不能竖着放置;90°或 270°阻容器件的两个焊盘应严格按左右位置摆放,不能按上下位置摆放。

第 **7** 章　PCB 设计后期处理

PCB 初步设计完成后需要通过设计规则来进一步检查 PCB 设计的正确性、合理性，同时 PCB 相关设计文件的导出为 PCB 制造和产品生产提供了重要技术文件支撑。本章详细阐述 PCB 设计报表、PCB 文件的输出以及 PCB 设计规则的检查。

7.1　PCB 的几何测量与 PCB 尺寸自动标注

Altium Designer 20 PCB 编辑器提供了各种测量 PCB 物理尺寸的工具，方便使用者进行 PCB 设计相关测量。Altium Designer 20 主菜单提供了如下测量工具：

- Measure Distance：测量 Object 的距离，以 X,Y 方向垂直距离和两点间直线距离表示；
- Measure Primitives：基本测量功能，用于测量两个对象间距离，以两个待测对象中心的 X,Y 方向垂直距离和中心直线距离表示；
- Measure Selected Objects：用于测量选定对象间的距离；
- Measure 3D Objects：仅在 3D 视图环境下有效，用于测量 3D 对象间的距离。

Altium Designer 20 编辑器在提供精确尺寸测量工具的同时，还为 PCB 提供了丰富的尺寸标注工具，主要包括：

- Linear Dimension：直线尺寸自动标注工具；
- Angular Dimension：角度自动标注工具；
- Radial Dimension：半径自动标注工具；
- Ordinate Dimension：纵坐标自动标注工具；
- Leader Dimension：先导尺寸标注工具；
- Standard Dimension：标准尺寸自动标注工具；
- Center Dimension：十字基准线工具；
- Baseline Dimension：基线尺寸自动标注工具；
- Linear Diameter Dimension：直径的线性自动标注工具；
- Radial Diameter Dimension：径向直径尺寸自动标注工具。

◆ 7.1.1　测量两点间的距离

执行 Report→Measure Distance 命令，光标变成"＋"，在 PCB 上进行测量，首先单击确定第一测量点，移动鼠标再单击确定第二测量点，Altium Designer 20 自动报告测量结果并将测量结果显示在 PCB 上，测量结果以两点间的 x,y 方向垂直距离和两点间直线距离表示,如图 7-1 所示,测量两个对角线安装孔的中心距,保证设计指标一致,没有误差,安装孔定位精确。

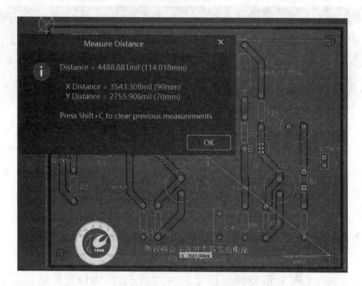

图 7-1   Measure Distance 功能使用结果

执行 Report→Measure Distance 命令具有连续测量的特点,完成第一个两点间的距离测量后,系统仍然处于测量状态可以继续进行下一次测量,右击执行 Clear Filter(或 Shift＋C)命令取消前一次测量结果,按 Esc 键取消本次测量。

◆ 7.1.2   测量对象间的距离

要测量两个对象间的中心距离,执行 Report→Measure Primitives 命令,单击 RW1 最上面一个焊盘,再单击 R5 从最上面的焊盘开始测量,其测量结果如图 7-2 所示。该测量方法不但能从测量结果直接看出两个对象的中心距为 793.44 mil(20.153 mm),还能了解两个对象的中心坐标,同时在 PCB 上也能读出所标识的测量结果。

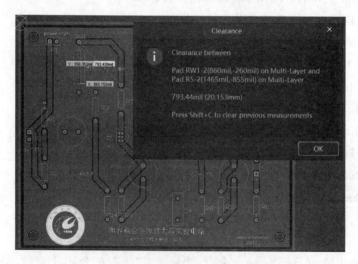

图 7-2   Measure Primitives 功能使用结果

执行 Report→Measure Primitives 测量命令同执行 Report→Measure Distance 命令一

样,具有连续测量的特点,单击 Esc 键或按 Shift＋C 即可结束当前测量操作,要取消 PCB 上已有的测量结果,在其测量标识线上右击执行 Clear Filter 即可完成。

◆ **7.1.3 测量选定对象间的距离**

利用 Report→Measure Selected Object 功能可以单独测量选定对象的长度。如图 7-3 所示,测量走线网络长度时,首先单击选中其中的一段 Track,再按 Tab 键选中全部网络中 Track,执行 Report→Measure Selected Object 命令即可测量出该网络 Track 长度为 85.185 mm。这在测量走线长度时十分方便,为使用者进行布线设计提供了重要的长度参考信息。

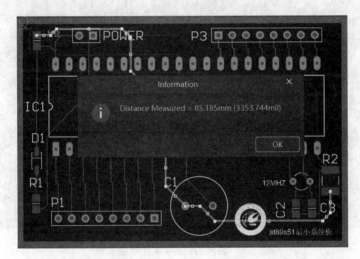

图 7-3　**Measure Selected Object 功能使用结果**

◆ **7.1.4 测量 3D 对象间的距离**

Altium Designer 20 提供在 3D 视图环境下,测量 3D 对象之间距离的功能。首先选中两个 3D 对象,执行 Report→Measure 3D Objects 命令即可测量两个选定 3D 对象间的距离,如图 7-4 所示,R2 和 C3 两个 3D 对象的间距测量信息立即显示出来了,要取消 PCB 上的测量标识线,右击执行 Clear Filter 即可完成。

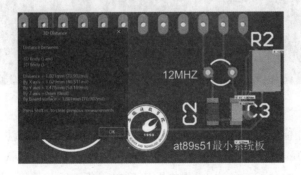

图 7-4　**Measure 3D Objects 功能使用结果**

◆　7.1.5　PCB 编辑器自动尺寸标注工具

Altium Designer 20 编辑器的尺寸标注工具种类繁多,使用简单。其中 Leader Dimension(先导尺寸标注工具)、Center Dimension(十字基准线工具)用于绘制尺寸标注找基准,其他的尺寸标注工具全部具有自动标注功能,标注过程中自动获取尺寸数据并完成尺寸标注绘图式样的放置。Altium Designer 20 PCB 编辑器各类尺寸标注工具的标注效果如图 7-5 和图 7-6 所示。

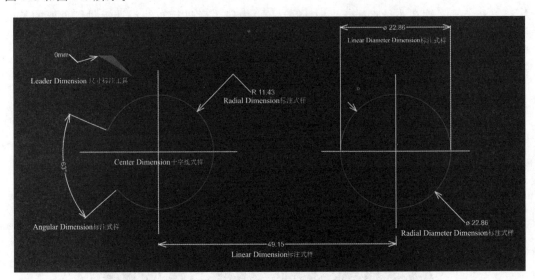

图 7-5　角度、直径与半径标注式样

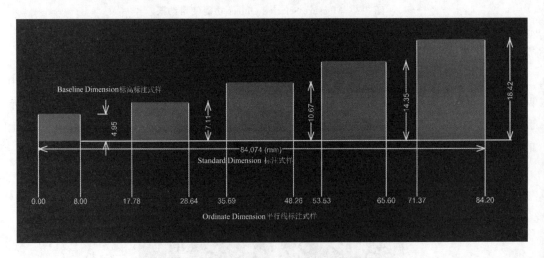

图 7-6　基线尺寸、标准尺寸、坐标尺寸标注式样

这里以角度尺寸标注方法为例介绍 Altium Designer 20 尺寸标注工具的使用方法,例如要对图 7-7 所示的圆弧形成的锐角进行标注,首先选择主工具栏的 Angle Dimension 命令将光标移动到待标注的角的一条边上,根据两点确定一条直线的原则,在角的第一条边单击(圆心)确定第一个点,移动鼠标再单击(圆弧的端点)选取第二个点,完成角的第一条边选取;然后按照同样的方法选取第二条边,Angle Dimension 工具便自动完成角度测量,拉出标注箭头后放置在合适的位置即完成标注。

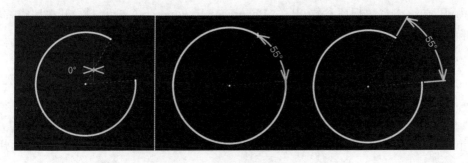

图 7-7　角度尺寸标注方法

7.2　PCB 报表输出

PCB 设计文件完成后,利用 Altium Designer 20 提供的强大的 PCB 报表生成工具可以生成不同类型的设计信息报表,这些 PCB 设计报表为 PCB 制造、产品生产工艺设计、元器件采购、设计工程归档管理、技术交流提供了方便。

◆ 7.2.1　元器件报表

PCB 编辑器环境下元器件报表的生成方法与 Schematic 编辑器环境下一样,PCB 元器件报表反映了一个 PCB 设计工程、电路中的零件数据,以供用户查询、组织原材料采购使用。

Step 1:执行 Report→Bill of Materials 命令;

Step 2:根据 Bill of Materials for PCB Document 对话框设置元器件报表清单数据选项;

Step 3:单击 Export 导出报表文件,保存,确定元器件报表保存路径、文件类型。

图 7-8 所示是 Bill of Materials for PCB Document 对话框设置项。

• ⓘ 开关:用于控制 Properties 属性面板的打开与关闭,高亮显示表示属性面板打开;

• Preview:用于对所做的元器件报表生成结果进行预览,供使用者快速查看元器件报表生成效果;

• Export:导出元器件报表。

(1)Properties 属性设置的 General 基本项。

• Bom Items:报表条款,默认设置有 show not fitted、include DB parameters in variations;

• Supply Chain:供应链信息项包括生产数量(Production Quantity)、流通(Currency),Supply Chain Data(供应链数据)项包括存储的(Cached)和实时的(Real Time);

• Export Options:数据表导出设置,包括文件格式(File Format)、模板(Template),以及单选项是否增加到工程(Add to Project)、是否自动打开导出功能(Open Exported)。

(2)Properties 属性设置的 Columns 项。

• Search 🔍:用于快速搜索需要的元器件参数信息;

• Sources:数据来源开关,共有 Server(服务商)开关、PCB Parameters(PCB 参数)开

关、Data Parameters(数据库参数)开关、Document Parameters(文档参数)开关四类,高亮显示打开的对应数据;

• Drag a column to group 选项:用于设置元器件的归类,用户将 Columns 对应的某一属性载入列表框中,则 Altium Designer 20 将以该属性作为标准对工程或电路的元器件进行分类归置;

• Columns 选项:提供了所有元器件的属性信息,包括注释 Comment、描述 Description、序号 Designator、封装 Footprint、元件参考库 LibRef、量值 Quantity 等,用户可以将其拖拽到 Drag a column to group 选项中进行分类归置,单击 ⦾ ,则归置的元器件信息在左侧的预览表中显示。

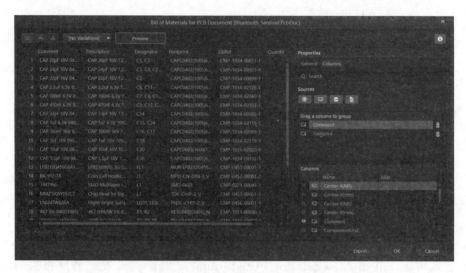

图 7-8   Bill of Materials 设置项

◆ 7.2.2　元器件引脚信息报表

PCB 上的元器件引脚信息报表的输出对使用者在 PCB 设计中核查检验网络信息具有重要的支撑作用,能够利用元器件引脚信息报表核查元件的引脚是否按照电路工作原理在 PCB 上实现了电气贯通,以及检查网络电气连接的正确性。通常 Altium Designer 20 为 PCB 元器件引脚提供一个 .rep 格式的报表文件。元器件报表文件生成的基本方法如下:

执行 Design→Netlist→Creat Netlist from Connected Copper 命令,即从所连接的铜皮创建网络表,弹出如图 7-9 所示的创建网络表确认对话框,随即生成对应的网络表,如图 7-10 所示。

图 7-9   Creat Netlist from Connected Copper 确认对话框

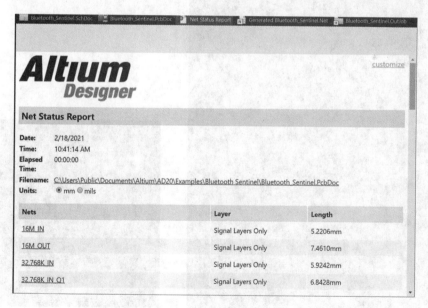

图 7-10　引脚报表文件

◆ **7.2.3　网络状态报表**

网络状态报表给出了当前 PCB 工程文件中所有网络所在的层信息以及网络中导线的总长度信息，有利于使用者对网络长度的优化设计。执行 Report→Netlist Status 命令，Altium Designer 20 为 PCB 文件生成一个 .rep 格式的网络状态报表，报表以 HTML 网页的形式显示，如图 7-11 所示。

图 7-11　Altium Designer 20 网络状态报表

◆ **7.2.4　PCB 信息报表**

PCB 的网络状态报表、元器件信息报表、引脚信息报表都是单项输出报表，PCB 信息报表则是对 PCB 的元器件网络和一般信息的全面汇总报表。PCB 信息报表产生的基本过程如下：

（1）PCB 信息报表查看。

在当前 PCB 编辑器窗口，单击 Properties 属性，在 Board Information 选项组显示 PCB 文档中元器件和网络的完整信息，如图 7-12 所示。

该报告明确了以下具体信息：

• 汇总了 PCB 上的所有图元（导线、过孔、焊盘等）数量，PCB 尺寸信息和 DRC 规则检查违规数量；

• 报告了 PCB 元器件的统计信息，包括元器件总数、元器件标号列表以及各层放置的元器件数量；

• 报告了电路板的网络总数、网络列表名称等网络统计数据。

（2）PCB 信息报表的生成。

• 单击 Report 按钮，在 Board Report 对话框中（如图 7-13 所示）设置需要在报表中包含的内容；

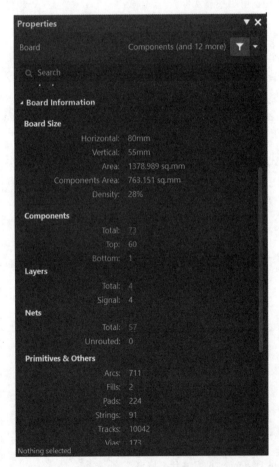

图 7-12　PCB 信息报表 Board Information　　　图 7-13　PCB 信息报表 Board Report

• 选中 All On 全选输出项，也可以按照 PCB 上选择的图元进行处理；

• 单击 Board Report 对话框，系统将自动生成 Board Information Report 报表文件，报表以 HTML 网页形式显示，如图 7-14 和图 7-15 所示，该报告是 PCB 最全面的信息报告。

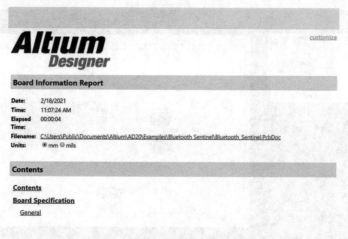

图 7-14　PCB 信息报表中的 Board Information Report

Layer	Arcs	Pads	Vias	Tracks	Texts	Fills	Regions	ComponentBodies
Top Layer	329	197	0	3156	0	0	1	7
Mid-Layer 1	64	0	0	797	0	0	0	0
Mid-Layer 2	151	24	0	1685	0	0	0	24
Bottom Layer	131	3	0	1440	0	0	0	0
Mechanical 1	0	0	0	34	4	0	0	0
Mechanical 7	0	0	0	0	0	0	0	0
Mechanical 13	8	0	0	261	0	0	0	117
Mechanical 15	13	0	0	362	0	0	0	0
Mechanical 16	0	0	0	2241	77	0	0	4
Top Paste	0	0	0	0	0	0	0	0

图 7-15　PCB 信息报表中的 Layer Information

7.3　PCB 打印输出

Altium Designer 20 PCB 工程设计完成后,设计源文件的打印工作常是使用者的例行工作。本节介绍 Altium Designer 20 PCB 设计文件的打印输出方法。

◆ 7.3.1　PCB 文件打印

PCB 编辑器 File 菜单下集成了 PCB 设计文件的打印预览和打印功能,可将 PCB 设计文件不同层上的图元按照一定的比例输出打印。PCB 打印文件在设计核对、校验、交付、存档等工作环节具有重要支撑作用。

图 7-16 是 PCB 编辑器的打印预览效果图,执行 File→Print Preview 命令生成。

执行 File→Page Setup 命令完成打印页的页面设置(Composite Properties),对话框如图 7-17 所示。该对话框可以完成打印机设置、预览审查、高级设置等工作,设置完成后即可单击 Print 按钮开始打印。

点击 Printer Setup 完成打印机设置,如图 7-18 所示。

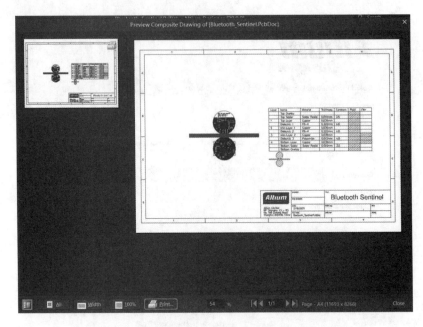

图 7-16　打印预览

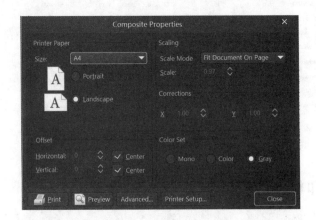

图 7-17　页面设置对话框

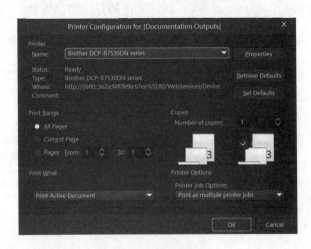

图 7-18　打印机设置对话框

完成打印机设置后单击高级 Advanced Setup 项,弹出如图 7-19 所示的 PCB Printout Properties 对话框。对 PCB Printout Properties 属性参数进行设置,包括多层组合打印 (Multilayer Composite Print)的打印层选择,可以通过鼠标右键调出功能菜单选择插入层 (Insert Layer)或删除层(Delete);元件类型选择包括 SMT(surface mount technology)和过孔安装(through hole)两项;打印输出选项包含 Holes、Mirror、TT Fonts 等;元器件打印标号选择包括物理标号(Print Physical Designators)和逻辑标号(Print Logic Designators);打印区选择(Area to Print),是选择全部图纸(Entire Sheet)还是选择用户自定义区域(Specific Area);Preferences 项对 PCB 打印条件进行设置。

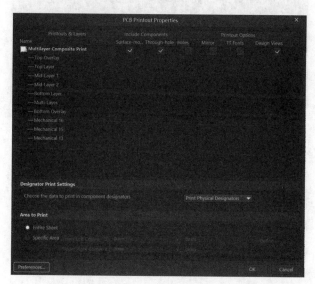

图 7-19　高级设置项

选中所要打印的层,右击弹出如图 7-20 所示的对话框,设置打印层的打印图元信息输出类型,Full 表示打印全部图元图形图画。Draft 表示只打印图元的外形轮廓,Off 表示关闭该图元的打印输出。

图 7-20　Layer Properties 对话框

单击 Preferences 进入如图 7-21 所示对话框,设置输出打印的色彩控制,使用者可以设定黑白、彩色打印以及各个图层的灰度打印。

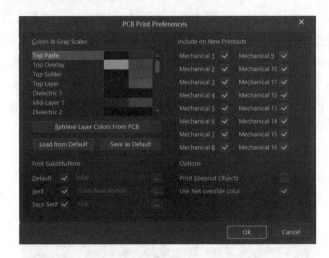

图 7-21　PCB Print Preferences 对话框

◆ 7.3.2　PCB 报表打印

PCB 报表的打印操作比较简单,一般进行页面设置、字体设置以及打印输出设置。读者可以根据 PCB 打印基本方法灵活运用。

◆ 7.3.3　PCB Smart PDF 输出

执行 File→Smart PDF 命令,Altium Designer 20 可智能化生成 PCB 的 PDF 格式文本,方便使用者使用。Altium Designer 20 Smart PDF 功能使用方法十分简单,基本流程如图 7-22 所示。

• 执行 File→Smart PDF 命令,出现如图 7-22(a)所示的对话框,单击 Next 进入下一步;

• 选择当前文档 Current Document 或当前工程 Current Project,设置 PDF 输出路径,单击 Next 进入下一步,如图 7-22(b)所示;

• 选择生成 PDF 的项目文件,单击 Next 进入下一步,如图 7-22(c)所示;

• 勾选 Export a Bill of Materials,单击 Next 进入下一步,如图 7-22(d)所示;

• 对 PCB Printout Settings 打印输出参数进行设置,设置完成后,单击 Next 进入下一步,如图 7-22(e)所示;

• 进入 Additional PDF Settings 设置页面,单击 Next 进入下一步,如图 7-22(f)所示;

• 进入 Structure Settings 设置页面,默认使用 Physical Structure,选择打印对应的结构内容,单击 Next 进入下一步,如图 7-22(g)所示;

• 完成最后设置,默认全选打开导出后的 PDF、保存设置到输出工作文档、打开输出工作文档等单选框,单击 Finish 完成,如图 7-22(h)所示。Smart PDF 输出结果如图 7-23 所示。

图 7-22　Smart PDF Print 生成流程

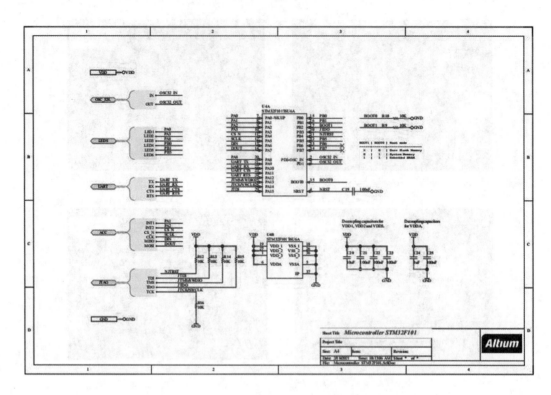

(a)原理图 PDF 效果

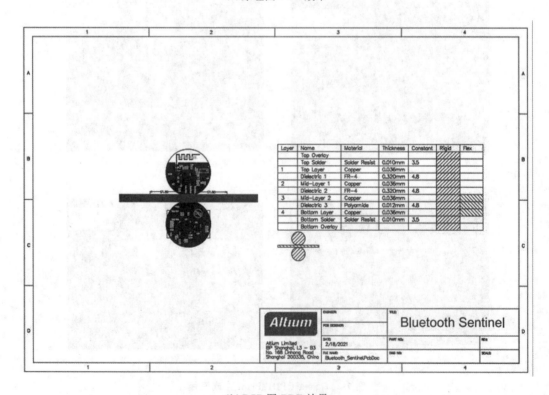

(b)PCB 图 PDF 效果

图 7-23　Smart PDF 生成器生成的 PDF 效果

Altium Designer 20 PCB 设计规则检查(DRC)

PCB 设计完成,在正式交付前需要严格执行电气规则检查(DRC:design rule check)以确认 PCB 设计正确性。Altium Designer 20 提供一套完整的 DRC 检查工具,系统根据使用者设定的规则进行导线宽度、安全间距、元器件间距、过孔类型等全面检查,对 PCB 设计的完整性、正确性为使用者提供了重要依据,以保障用户 PCB 设计顺利进行,最终为产品的生产提供输出正确的 PCB 文件。

DRC 规则设置对话框如图 7-24 所示,执行 Tools→Design Rule Check 命令即可打开该对话框,由 DRC 报告选项组(Report Options)和设计规则检查矩阵选项组(Rules To Check)构成。

Altium Designer 20 提供了两种形式的检查方式,一是报表(Report),将产生的检查结果用报表的形式(HTML 格式)反馈给用户;二是在线检查(Online),这种检查方式支持在布线过程中使用,满足使用者在设计过程中和设计后检测的需要。

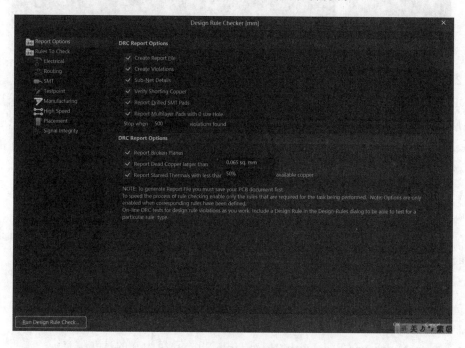

图 7-24　DRC 设计规则检查对话框

(1)DRC 规则列表。

在 Altium Designer 20 的 PCB 设计 DRC 检查对话框中打开 Rules To Check 标签,该选项下提供了从设计电气规则、布线、SMT 元件、测试点(Testpoint)、制造(Manufacturing)、高速信号(High Speed)、放置(Placement)到信号完整性(Signal Integrity)检查共 53 项检查项,可自主选择检查内容,如图 7-25 所示。

Altium Designer 20 的 PCB 设计 DRC 检查提供了两种规则检查处理方式,勾选 Online 则该项规则检查可以在线执行,勾选 Batch 项,则该项规则可批处理检查。

单击 Run Design Rule Check 即可启动规则检查。

图 7-25　Rules To Check 标签

(2)DRC 报告选项。

DRC 报告选项(Report Options)用于设置检查报告的内容和工作方式,通常采用默认方式,所有工作方式和内容全部选定,包括生成检测报告文件(Create Report File)、违规文件(Create Violations)等。特别注意的是,使用者设计的 PCB 文件必须在保存后才能生成DRC 报告文件。

- Create Report File:运行批处理后自动创建 DRC 报告,包含本次 DRC 检测运行的规则基础、违规数量和详细描述;
- Create Violations:在违规对象和违规信息之间直接建立数据连接,用户直接通过Message 面板快速进行错误定位和错误对象的查找;
- Sub-Net Details:对网络连接关系进行检查并创建到报告中;
- Verify Shorting Copper:对铺铜和非网络连接造成的短路进行验证;
- Report Drilled SMT Pads:报告钻孔的 SMT 焊盘信息;
- Report Multilayer Pads with 0 size Hole:报告孔径为 0 的过孔信息;
- Stop when() violations found:设置停止报告的违规数量阈值;
- Report Broken Planes:报告已损坏的内电层信息;
- Report Dead Copper larger than():报告大于设定面积的死铜;
- Report Starved Thermals with less than()available copper:报告小于可用铜皮一定比例的热量损耗点。

◆　**7.4.1　Altium Designer 20 PCB 设计规则在线 DRC 和批处理**

DRC 在线检查在当前工程的后台运行,在设计过程中,系统随时跟踪规则检查,对违反设计规则的操作及时给出警示,甚至限制违规操作的执行。在 PCB 编辑器中调用 Tools→

Preference 命令打开 PCB Editor 的 General 项,勾选 Online DRC,激活在线检查,如图 7-26 所示。

图 7-26　Online Check 激活设置

使用者在设计过程中可以随时运行多项规则检查,在图 7-24 的设计规则检查列表中,不难看出对于不同的规则其检查方式不一样,有适合在线检查的,也有适合批处理检查的,也有两种方式都适用的。一般 PCB 设计结束需要启动全面的设计规则检查,以核查设计中存在的问题。

◆　7.4.2　DRC 检查综合运用

PCB 工程设计过程按照 PCB 布线情况一般分为三个阶段:尚未布线、部分布线、布线完成。在尚未布线、部分布线阶段,如果启动批处理检查时,由于默认的 Un Routed Net 和 Width 检查,很明显会产生大量的违规信息,提高了使用者对信息的判断难度。因此使用者在进行 DRC 检查时务必要综合分析 PCB 设计中的违规信息,区别是尚未进行的布线工作造成的违规还是设计缺陷造成的违规。

在默认设计规则检查时,运行 Run Design Rule Check 进行批处理生成了 47 条违规信息,包括 34 条布线规则中 Un Routed Net 违规信息、12 条制造规则中丝印层-阻焊层对象安全间距违规和 1 条丝印层-丝印层对象安全间距违规,如图 7-27 所示。

双击 Messages 中的违规信息可在 PCB 上跟踪违规标识,确认设计的正确性和修改设计,如图 7-28 所示。由于 34 条 Un Routed Net 违规信息是 PCB 尚未布线造成的,12 条丝印层-组焊层安全间距过小是封装原始值小于规则设定值产生的,因此这 46 条信息根据设计可以忽略,第 47 条违规信息是丝印层电容 C1 的标号与电容封装的外部界限安全间距过小,应予以调整,这样就达到 DRC 检查指导修正设计缺陷的目的。

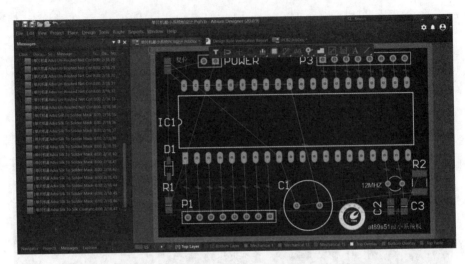

图 7-27 单片机最小系统板尚未布线时的 DRC 批处理违规信息

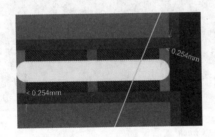

（a）丝印层-阻焊层对象安全间距违规　　（b）丝印层-丝印层对象安全间距违规

图 7-28 安全间距违规检查结果

调用 DRC 规则设置将上述规则禁止，再次检查，将出现零报告信息，如图 7-29 所示。因此使用者在实际 DRC 检查时要综合运用 PCB 设计规则设置和 DRC 规则检查设置，以达到 DRC 检查为设计服务的目的，提高 DRC 检查的有效性。

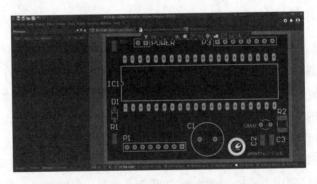

图 7-29 禁用部分 DRC 规则后的检查结果

第 8 章　PCB 信号完整性分析

在模拟电路中,由于采用的是单频或窄频带信号,PCB 开发者实现电路功能最关心的是信噪比,通常不需要讨论信号波形和波形畸变。但是,在数字电路中实现电路功能的方式发生了根本性的变化,采用的信号为周期脉冲,工作的方式是突发性的,逻辑关系成为核心,需要严格保证时间间隔和时序关系。如今的 PCB 设计日趋复杂,高频时钟和快速开关逻辑的应用意味着 PCB 设计已不仅是放置元器件和布线。网络阻抗、传输延迟、信号质量、反射、串扰和 EMC(电磁兼容)等特性是每位 PCB 设计者必须考虑的因素,对电子设备电路板进行制板前的信号完整性分析是 PCB 设计完成后必须进行的关键验证分析步骤。

8.1　PCB 信号完整性基本概念

◆　8.1.1　信号完整性问题提出与信号完整性基本概念

信号完整性是指信号在传输路径上的质量,对 PCB 设计而言传输路径是 PCB 的走线(铜箔)、板材。信号具有良好的完整性是指当需要时,信号具有所必须达到的电压电平数值。PCB 信号完整性不良不是由某单一因素导致的,而是由 PCB 设计中多种因素共同引起的。

高速 PCB 信号完整性内涵如下:

第一,在高速 PCB 设计中,高速数字信号的波形畸变应该控制在一定的范围之内,数字比特信号流的时序图能满足逻辑控制要求,在突发状态下信号产生与传输的过程平稳。

第二,高速 PCB 数字信号完整性的破坏主要有两个原因:一是外界干扰,特别是传输通道的干扰,包括传输通道阻抗失配(如 PCB 的走线换层、线宽聚变、接插件)造成的反射影响,破坏了原来的波形;二是数字信号在传播时会自然地发生频谱分散效应,改变了原来的波形。

工程实践上时钟频率比较高时,例如时钟达到 10 MHz 以上或脉冲的边沿时间在 1 ns 以下时,不难发现将信号传输到预想的地方并不很容易实现,有许多潜在因素会影响信号完整性,其中包括抖动、延迟、GND 电位弹跳、反射、串扰、开关噪声、电源失配、衰减、脉冲展宽、时序混乱等问题。

第三,高速 PCB 信号完整性问题总是要涉及信号的整个过程,因此,信号完整性需要信号工作的整个 PCB 物理环境来保证。

工程上的信号完整性系统模型应该包括完整信号源、信号的物理协调通道、信号完整接收三个部分。

（1）完整信号源：保证产生的信号是完整的，包括电源保证、噪声的滤除、地电位、共模消除、输出阻抗保证等内容。

（2）信号的物理协调通道：保障信号在传输中不发生改变，包括串音、延时、通道陷落、反射和谐振、带宽、衰减、阻抗控制、电路链接等内容。

（3）信号完整接收：保证无失真地高效率地接收信号，包括输入阻抗匹配、接地处理、多端网络互阻抗、退耦电容、滤波电容、输入网络信号分配和信号保护等问题。

当对电子产品进行信号完整性（signal integrity）分析或设计时，首先应该考虑：

• 信号频率：信号涉及的频谱范围，实现电路功能对信号频谱的要求；

• 信号的幅度：信号的能量水平和强度要求如何，所需要保证的功率有多大；

• 时间：连续信号的长度、信号周期长短；

• 阻抗：信号源输出、传输通道和接收单元的阻抗不连续性，以及传输过程的阻抗不连续性；

• 串扰：包括发射设备的干扰、射频电流经结构进入电路的情况、结构尺寸等于波长的显著主部或"上升时间"的主部尺寸、分布参数（电容、电感、连接阻抗）形成的新通道；

• 逻辑和传输延迟：时序关系、通道延迟、频率迁移效应、容性负载的信号延迟。

◆ 8.1.2　PCB 信号传输过程中噪声分析与降噪设计技术

（1）反射噪声。

反射就是传输线上的回波，信号功率的一部分经传输线传给了负载，另一部分则向源端反射，反射是造成上冲、下冲和振铃的直接原因，是高速电路 PCB 设计中最常见的信号完整性问题。

在高速 PCB 设计中，可以把导线等效为传输线，而不是集中参数电路中的导线，通过考察其在不同频率下的阻抗，来研究其传输效应。图 8-1 是传输线模型，传输线上的阻抗不连续会导致信号反射，传输线上反射信号的大小取决于传输线阻抗 Z_O 与负载阻抗 Z_L 的差别。

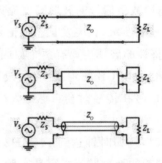

图 8-1　传输线模型

反射信号与原信号的比值，称为反射系数 k_R，即

$$k_R = \frac{Z_L - Z_O}{Z_L + Z_O} \tag{8-1}$$

当 $Z_L = Z_O$ 时，$k_R = 0$，不会发生反射；当负载开路或短路时，$Z_L = 0$，$k_R = -1$，信号全部反射回去。

在高速数字系统中,减小和消除反射的方法是根据传输线的特性阻抗在其发送端或接收端进行终端阻抗匹配,从而使反射系数为零,端接方法有并联端接和串联端接两种。

(2)多网络间的串扰。

串扰是信号线之间不希望有的耦合,分容性串扰和感性串扰两种。容性串扰就是信号线间的容性耦合,当信号线在一定程度上靠得比较近时就会发生容性耦合,产生耦合电流从而导致电磁干扰。在 PCB 上布两条靠近的走线,很容易产生耦合电容,由于这种耦合电容的存在,一条走线上的电压快速变化会在另一条走线上产生电流信号,即耦合电流。

耦合电容的大小 C 定义为

$$C = WL\varepsilon_e\varepsilon_r/d \tag{8-2}$$

式中,W:导线的宽度;

L:平行导线长度;

ε_e:材料的介电常数;

ε_r:相对介电常数;

d:平行导线间距。

导线间距越小,耦合电容越大,大多数耦合电容是靠近放置的两条平行走线引起的,走线距离越近耦合电容越大,引发的容性串扰越严重。对高速 PCB 进行布线时,如果布线空间较小或布线密度较大时,串扰问题就非常严重,它造成的电磁干扰严重影响电路的信号。为了减少串扰,布线时可以采用以下措施:

①对串扰敏感的信号线进行适当的端接,通过阻抗匹配减少耦合电容从而减少串扰;尽量增大平行走线的信号线之间的距离以减小容性串扰;在串扰较严重的两条平行走线的信号线之间插入一条地线以减小容性串扰,但是这根地线需要每隔 1/4 波长加一个过孔接到地层。

②减小两根或多根信号线的平行长度,必要时对平行长度很长的信号线,采用差分线布线方式,对不同速率的信号设置不同的布线层,并合理设置平面层;对于微带传输线和带状传输线,将走线高度限制在高于地线平面 10 mil(1 mil=0.0254 mm)以内;尽量减少环路的数量,避免产生人为的环路并尽量减小环路的面积,这样就减少了辐射源和易感应电路,从而有效地消除感性串扰。

③减小印制线拐角特性阻抗突变。PCB 印制线传输高频信号与传送直流或低频信号有很大的不同。在 PCB 上布线时,一般采用微带线或带状线技术。我们以微带线作为印制电路板上的传输线,进行理论和仿真分析。当 PCB 印制线经过拐角时,印制线宽度的变化是最大的,印制线的特性阻抗变化也是最大的。由于印制线在经过拐角时宽度变宽,走线与参考层之间的电容增大,走线的特性阻抗减小,因此,印制线拐角处特性阻抗存在不连续性,从而导致印制线上信号发生反射。常见 PCB 印制线拐角有直拐角、圆弧拐角、内外 45°斜切拐角、45°外斜切拐角等几种。理论分析表明不同几何形状印制线拐角的反射和传输特性各异。传输特性的优良次序为直拐角<圆弧拐角<内外 45°斜切<45°外斜切,印制线拐角最佳几何结构为直角弯曲 45°外斜切。在小于 2 GHz 的频率范围内,印制线拐角几何结构对信号传输特性几乎没有影响,随着频率的提高,其影响显著增强,特别是直拐角。建议印制线拐角采用直角弯曲 45°外斜切的几何结构,其自身对信号完整性的影响较小。

(3)电源噪声。

电源的稳定性和信号的完整性是密切关联的,很多情况下影响信号畸变的主要原因是电源供电系统的噪声滤出。由于不论采用何种电源分配方案,系统中的 PCB 分层、电源板层平面形状、元器件布局、过孔和管脚分布等都会影响电源与地之间的阻抗,从而产生严重的噪声,造成信号畸变。为了减少电源与地之间的阻抗,最合适的一个方法是在电源和地之间放置一定数量的去耦电容,增加额外的滤波,减少电源供电系统的阻抗。这样既能抑制掉电路板本身特有的谐振,从而减少噪声的产生,又能降低电路板边缘辐射以缓解电磁兼容问题。

电路工作频率范围在几百兆赫兹时,PCB 上放置分立的去耦电容在控制电源供电系统阻抗方面起到很好的作用。但频率再高时,每个分立去耦电容的寄生电感以及板层和过孔的环路电感将会极大地降低去耦效果,因此仅仅通过放置分立的去耦电容是无法进一步降低电源供电系统的阻抗的。为了使电源系统在高频情况下也能保持低阻抗,芯片及集成电路封装结构子系统都要设置去耦电容。

芯片上的电源栅格由交替放置的几层金属构成,因此电源栅格之间形成了去耦电容。另外,芯片的内核电源供电部分集成了大量的去耦电容,集成电路封装结构的上表面也安装了去耦电容。这样当频率范围从几百兆赫兹到几吉赫兹时,封装结构的电源供电系统的板间电容、封装结构上放置的分立去耦电容、芯片内电源栅格之间的电容以及芯片内的去耦电容将起到很好的去耦作用。电源系统的各部分去耦电容分别在不同的频率范围内做出响应,因此,对芯片、封装、电路板的电源供电系统进行优化设计,能充分发挥各部分的滤波作用,就能有效地达到滤去电源噪声的目的。

电源供电系统的布线规则:为了保证 PCB 的电源供电系统输出稳定可靠的电源,除了在电路中放置去耦电容外,在电源的布线方面也有严格的要求。

电源布线的一般规则如下:

线路板中的电源线和地线的设计尤为重要。根据不同电路板流过电流的大小,尽量加大电源线的宽度,这样既可以减小环路电阻,又能降低耦合噪声。地线应短而粗,如果地线是很细的导线,接地电位就会随电流的变化而变化,使抗噪性能降低。可以用大面积铜层作地线用,或制成多层板,电源与地线各占用一层;为了减少阻抗,电源和地的管脚要就近打过孔,过孔和管脚之间的引线应短而粗;为了减少信号环路面积,要使电源总线靠近信号线,并且尽量不要走长的电源连线。避免分开的电源在不同的层之间重叠,如果电源层交叠,电路就会有交叠的可能,会损害电路的分离性,使得噪声很容易通过寄生电容耦合过去。

高速模拟器件一般对数字噪声很敏感,因此模拟电路与数字电路的供电电源要分开。但有些器件,其信号跨越模拟和数字两部分,这时可在信号跨越处放置一条回路以减小环路面积。

(1)尽量将高速和高功耗的器件放置在一起,这样可减少电源电压瞬时的过冲。

(2)有些器件对干扰特别敏感,如锁相环电路,因此需要对敏感器件进行隔离。隔离方法是在电源层上刻蚀一个 U 形隔离槽,将敏感器件置于其中,这样,外部噪声只能沿着 U 形槽走,避免靠近敏感器件。

(3)为了提高电路的抗干扰能力,要对电路中的单片机使用电源监控。对单片机闲置的 I/O 口,要接地或接电源,不要悬空。

总之,在 PCB 的设计中,需要综合考虑元器件的布局、布线及每种情况下应采用的信号类型,这样才能更好地解决 PCB 的信号完整性问题。

Altium Designer 20 信号完整性

Altium Designer 20 提供了一个高级的信号完整性仿真器,能分析 PCB 设计和检查设计参数,测试过冲、下冲、阻抗和信号斜率。Altium Designer 20 的信号完整性分析与 PCB 设计过程无缝连接,该模块提供了极其精确的板级分析,能检查整板的串扰、过冲、下冲、上升时间、下降时间和阻抗等问题。在 PCB 制造前,用最小的代价来解决高速电路设计带来的 EMC/EMI(电磁兼容/电磁抗干扰)等问题。

◆ 8.2.1　Altium Designer 20 信号完整性主要特性

(1)Altium Designer 20 的信号完整性分析模块具有如下特性。

- 设置简便,定义设计参数(阻抗等)的方法和在 PCB 编辑器中定义设计规则一样;
- 通过运行 DRC(设计规则检查),快速定位不符合设计要求的网络;
- 无须特殊经验要求,可在 PCB 中直接进行信号完整性分析;
- 提供快速的反射和串扰分析;
- 利用 I/O 缓冲器宏模型,无须额外的仿真电路模拟器或模拟仿真知识;
- 完整性分析结果采用示波器显示;
- 具有成熟的传输线特性计算和并发仿真算法;
- 用电阻和电容参数值对不同的终止策略进行假设分析,并可快速替换逻辑系列。

(2)Altium Designer 20 信号完整性分析模块中的 I/O 缓冲器模型具有如下特性。

- 宏模型逼近,使仿真更快更精确;
- 提供 IC 模型库,包括校验模型;
- 模型同 INCASES EMC-WORKBENCH 兼容;
- 自动模型连接;
- 支持 I/O 缓冲器模型的 IBIS2 工业标准子集;
- 利用完整性宏模型编辑器可方便、快速地自定义模型;
- 引用数据手册或测量值。

◆ 8.2.2　Altium Designer 20 信号完整性模型文件获取

Altium Designer 20 信号完整性分析是建立在元器件的模型基础之上的,这种模型称为信号完整性模型,简称 SI 模型。Altium Designer 20 自带的元器件 SI 模型与相应的原理图符号、封装模型、仿真模型等一起,被系统存放在集成库文件中,包括 IC(集成电路)、Resister(电阻类元器件)、Capacitor(电容类元器件)、Connector(连接器类元器件)、Diode(二极管类元器件)、BJT(双极性晶体管类元器件)等。需要进行信号完整性分析时,用户应为设计中所用到的每一个元器件设置正确的 SI 模型。

为了简化设定 SI 模型的操作,并且在进行反射、串扰、振荡和不匹配阻抗等信号完整性分析时能够保证适当的精度和仿真速度,很多厂商为设计者提供了现成的 IC 类元器件引脚模型,这就是 IBIS(Input/Output Buffer Information Specification)模型文件,扩展名为".ibis"。

IBIS 模型是反映芯片驱动和接收电气特性的一种国际标准。它采用简单直观的文件格式,提供了直流电压和直流电流曲线以及一系列的上升和下降时间、驱动输出电压、封装的寄生参数等信息,但并不泄露电路内部结构的知识产权细节,因而获得了很多芯片生产厂家的青睐。此外,由于该模型比较简单,仿真分析时的计算量较少,但仿真精度却与其他模型(如仿真电路模拟器模型)相当,这种优势在 PCB 密度越来越高、需要仿真分析的设计细节越来越多的趋势下显得尤为重要。

Altium Designer 20 的信号完整性分析就采用了 IC 器件的 IBIS 模型,通过计算信号线路的阻抗,得到信号响应及失真等仿真数据来检查设计信号的可靠性。

Altium Designer 20 系统提供的集成库中已包含大量的 IBIS 文件,用户可对相应的元器件进行添加,必要时还可到元器件生产厂商网站免费下载相关联的 IBIS 模型文件。对于实在找不到的 IBIS 模型文件,设计者还可以采用其他的方法,如依据芯片引脚的功能选用相似的 IBIS 模型,或通过实验测量建立简单的 IBIS 模型等。

(1)第三方器件的 IBIS 模型文件的获取。

这里以 Analog Device 模拟器件公司的 ADIN1300 器件的 ADIN1300 IBIS 模型为例介绍模型下载方法。

登录 https://www. analog. com/cn/design-center/simulation-models/ibis-models. html♯,下载相应的 IBIS 模型文件备用。

这里有很多器件的 IBIS 模型文件,使用者根据设计芯片到相应的器件供应商网站获取是一种相对简单的方法。

(2)信号完整性分析的 IBIS 模型的加载。

在复杂、高速的电路系统中,所用到的元器件数量以及种类都比较繁多,由于各种原因的限制,在信号完整性分析之前,用户未必能逐一加载设定相应的 SI 模型。因此,执行了信号完整性分析的命令之后,系统会首先进行自动检测,提升选择哪一块 PCB 进行信号完整性分析,给出相应的状态信息,以帮助用户完成必要的 SI 模型设定与匹配。信号完整性分析的模型加载环境与模型加载方法如下:

• 打开一个需要进行信号完整性分析的工程。

• 在原理图编辑环境中执行 Tools→Signal Integrity 命令,或者在 PCB 编辑环境中执行 Tools→Signal Integrity 命令,开始运行信号完整性分析器,若 PCB 设计文件中存在没有设定 SI 模型的元器件,则系统会弹出如图 8-2 所示错误信息提示对话框。

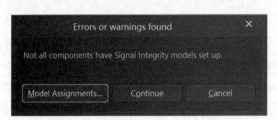

图 8-2 缺少 SI 模型时系统提示对话框

• 单击该提示框中的 Model Assignments 按钮,会打开 SI 模型配置对话框,如图 8-3 所示,显示每一元器件的 SI 模型及其对应的配置状态,供用户查看或修改。Status 状态栏显示 Model Found 则该器件 SI 模型存在,显示 No Match 标识该器件的 SI 模型不存在,显示

Low Confidence 表示系统为该器件分配的 SI 模型置信度比较低,显示 Middle Confidence
表示系统为该器件分配的 SI 模型置信度中等,显示 High Confidence 表示系统为该器件分
配的 SI 模型置信度很高。

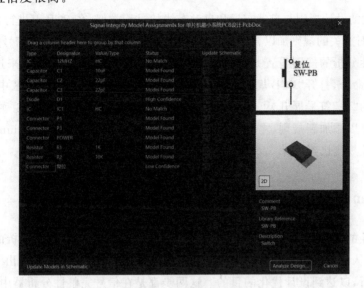

图 8-3　SI 模型配置对话框

• 在 No Match 的器件上右击选择 Advanced 或直接双击 No Match 的元器件标识,会
打开相应的 Signal Integrity Model 对话框,如图 8-4 所示。用户可进行元器件 SI 模型的重
新设定,选择 Add→Edit Model 进行模型名称、描述、类型、技术、数值的编辑处理,如图 8-5
所示。设置完元器件排列或导入 IBIS 模型文件后等,单击 OK 导入即可。

图 8-4　Signal Integrity Model 对话框　　图 8-5　Pin Model Editor 对话框

• 在 Signal Integrity Model 对话框中,单击 Type 栏,可直接进行单项的编辑。如选择
某一器件,单击被高亮标记的 Value/Type 栏,会打开 Part Array Editor(元器件排列编辑
器)对话框。

• 单击 Update Models in Schematic 按钮,即可将修改后的模型信息更新到原理图中,
这时对应的 Status 栏中会显示 Model Saved(模型已保存)的状态信息。

8.3 Altium Designer 20 信号完整性设计规则

信号完整性的设计规则与自动布局和自动布线的过程类似,在 PCB 上进行信号完整性分析之前,也需要对有关的规则加以合理设置,以便准确检测出 PCB 上潜在的信号完整性问题。

信号完整性分析的规则设置是通过"PCB 规则及约束编辑器"对话框来进行的。执行 Design→Rules 命令,打开"PCB 规则及约束编辑器"对话框。在左边目录区中,单击 Signal Integrity 前面的"+"符号展开,可以看到信号完整性分析的规则一共有 13 项。设置时,在相应项上右击可以添加新规则,之后可在新规则界面中进行具体设置。Altium Designer 20 信号完整性设计规则已经在第 5 章的 5.7.10 节详细介绍过,这里不再赘述。

8.4 Altium Designer 20 信号完整性分析运用

信号完整性的分析一般可以分两步进行:第一步是对所有可能需要分析的网络进行一次初步的分析,从中可以了解到哪些网络的信号完整性最差;第二步是筛选出一些关键信号进行进一步分析,以达到设计优化的目的。这两步都是在信号完整性分析器中进行的。

Altium Designer 20 提供了一个高级信号完整性分析器,能够精确地模拟分析已经布置好的 PCB,能够测试网络的阻抗、下冲、过冲和信号斜率。

信号完整性分析器:启动信号完整性分析器,在 PCB 编辑文件中设置信号完整性分析的有关规则之后,执行 Tools→Signal Integrity 命令,系统开始运行信号完整性分析器。

单击该提示框中的 Model Assignments 按钮,打开 SI 模型配置显示对话框,根据提示,进行元器件 SI 模型的设定或修改。

更新到原理图中之后,单击 SI 模型配置显示对话框中的 Reanalyze Design 按钮,打开 SI Setup Options 对话框,如图 8-6 所示。

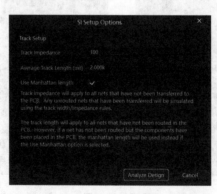

图 8-6　SI Setup Options 对话框

• Track Impedance 选项:适用于没有设置布线阻抗的全部网络,设置了布线阻抗的网络则使用设定的阻抗规则进行信号完整性分析;

• Average Track Length 选项(平均布线长度):适用于全部未布线的网络;

• Use Manhattan Length 单选框:勾选将使用曼哈顿布线的长度。

单击 SI Setup Options 对话框中的 Analyze Design 按钮,系统开始进行信号完整性分析,分析完毕后会打开 Signal Integrity 对话框。该对话框的左侧显示了信号完整性初步分析的结果,包括各网络的状态以及是否通过了相应的规则,如上冲幅度、下冲幅度等。在对话框右侧可进行相应的设置,并对设计进行进一步分析和优化,如图 8-7 所示。

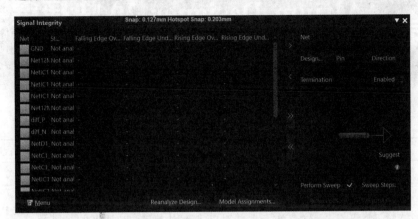

图 8-7　Signal Integrity 初步分析结果界面

其中:

• Reanalyze Design:单击该按钮,将重新进行一次信号完整性分析。

• Model Assignments:单击该按钮,系统将返回到 SI 模型配置的显示窗口。

• Reflection Waveforms:用于反射分析。单击该按钮,则进入仿真器的编辑环境中,显示相应的信号反射波形。

• Crosstalk Waveforms:用于对选中的网络进行串扰分析,结果同样会以波形形式显示在仿真器编辑环境中。

• Perform Sweep:勾选该单选框,系统分析时会按照用户所设置的参数范围,对整个设计的信号完整性进行扫描,类似于电路原理图仿真的参数扫描方式。扫描步数可以在后面设置,系统默认勾选。

• Suggest:勾选该单选框,有关的参数值将由系统根据实际情况进行设置,用户不能更改;若不勾选,则可进行自由设定。

附录　Altium Designer 20 快捷键（short cut）及快捷操作

序号	快捷键	功能	备注
1	Shift＋S	单层视图-多层视图切换（Single-layer Mode）	PCB 模式
2	主菜单下划线对应字母	主菜单"下划线对应字母"快捷键快速调出主菜单下拉菜单	比如，按 P 即可调出放置二级子菜单，适用于 Schematic、PCB 模式
3	the ＊ Key and Shift ＋ ＊	小键盘的 ＊ 键控制层循环显示切换（Layer cycle）	PCB 模式
4	Shift ＋ Hover Cursor Over a Net （鼠标协同）	保持 Shift 键按下，光标悬浮到的网络以高亮显示（Net Highlighting）	PCB 模式
5	Ctrl＋R	复制选中对象到光标上，跟随鼠标光标移动可实现复制对象的连续粘贴	Schematic 编辑环境下，可快速复制单个或多个元器件
6	N	快速调出 Connection、Jump 小菜单	PCB 模式
7	1、2、3	按"1"切换至 1D 显示，按"2"快速切换至 2D 显示，按"3"快速切换至 3D 显示	PCB 模式
8	0 和 9	按"0"电路板水平显示，按"9"电路板以 90°垂直显示	PCB 3D 显示
9	Ctrl＋F	180°顺时针翻转 PCB	PCB 3D 显示
10	Tab	首先选中网络中 Track 的一段，再按 Tab 键则快速选中全部网络	PCB 2D 模式
11	Ctrl＋单击	网络快速高亮显示（Net Highlighting）	Schematic、PCB 模式
12	滚轮	编辑器界面快速上下移动	Schematic、PCB 模式
13	Shift＋滚轮	编辑器界面快速左右移动	Schematic、PCB 模式
14	Ctrl＋滚轮	对象快速放大、缩小	Schematic、PCB 模式
15	Space	将捕捉到的对象快速旋转 90°	Schematic、PCB 模式

序号	快捷键	功能	备注
16	Tab	快速调出捕捉对象 Properties 属性对话框	Schematic、PCB 模式
17	L	走线过程中快速切换走线层	PCB 模式
18	Shift＋Space	切换走线角度	Schematic、PCB 模式
19	G	快速调出格栅设置	PCB 模式
20	Q	快速切换单位（mm/mil）	PCB 模式
21	Shift＋右键	快速旋转 3D PCB	PCB 3D 显示

注意：以上快捷键均在英文输入法下有效，中文输入法安装后可能导致部分快捷功能失效。

参考文献

[1] 闫聪聪,杨玉龙. Altium Designer 16 基础实例教程[M]. 北京:人民邮电出版社,2016.

[2] 黄智伟. 印制电路板(PCB)设计技术与实践[M]. 3 版. 北京:电子工业出版社,2017.

[3] 李瑞,闫聪聪,等. Altium Designer 14 电路设计基础与实例教程[M]. 北京:机械工业出版社,2015.

[4] 高敬鹏,武超群,王臣业,等. Altium Designer 原理图与 PCB 设计教程[M]. 北京:机械工业出版社,2017.

[5] 解璞,刘洁,等. Altium Designer 18 电路设计基础与实例教程[M]. 北京:机械工业出版社,2020.

[6] 左昉,闫聪聪,等. Altium Designer 17 电路设计与仿真[M]. 2 版. 北京:机械工业出版社,2018.

[7] 李小坚,赵山林,冯晓君,等. Protel DXP 电路设计与制版实用教程[M]. 2 版. 北京:人民邮电出版社,2009.

[8] 黄智伟,黄国玉. Altium Designer 原理图与 PCB 设计[M]. 北京:人民邮电出版社,2016.

[9] 沈月荣. 现代 PCB 设计及雕刻工艺实训教程[M]. 北京:人民邮电出版社,2015.

[10] 江思敏,胡烨. Altium Designer(Protel)原理图与 PCB 设计教程[M]. 北京:机械工业出版社,2015.

[11] 胡仁喜,李瑞,邓湘金,等. Altium Designer 10 电路设计标准实例教程[M]. 北京:机械工业出版社,2012.

[12] 赵景波,张伟. Protel 99 SE 实用教程[M]. 2 版. 北京:人民邮电出版社,2012.

[13] 高鹏,安涛,寇怀成. Protel 99 入门与提高[M]. 北京:人民邮电出版社,2000.

[14] 李永平,董欣. PSpice 电路优化程序设计[M]. 北京:国防工业出版社,2004.